U0180812

走向平衡系列丛书

有容乃大

建筑聚落空间的形质研究

吴震陵 李宁 著

中国建筑工业出版社

图书在版编目（CIP）数据

有容乃大：建筑聚落空间的形质研究 / 吴震陵，李宁著. — 北京：中国建筑工业出版社，2023.3
（走向平衡系列丛书）
ISBN 978-7-112-28481-8

Ⅰ．①有… Ⅱ．①吴… ②李… Ⅲ．①聚落环境—建筑设计—研究 Ⅳ．①TU2

中国国家版本馆CIP数据核字（2023）第 042056 号

建筑聚落是指满足人类生活、生产、交通或休闲等活动需求的综合体，包含物质性的和非物质性的两方面内容。其中物质性的内容也就是建筑聚落有形的外在实体表现；而依托于此物质载体，建筑聚落有着与其所处基地的自然、社会、经济、交通、文化等环境相关联的、信息丰富的非物质意义内容，非物质意义内容与建筑聚落中的人，以及建筑聚落自身环境密切相关。建筑聚落的范围可大可小，大的可以到城市、乡村，小的就是一组相对独立的建筑群组。之所以强调"建筑聚落空间"的形质，是为了突出表达设计的整体权衡关系，突出建筑师需要在层层嵌套的聚落层级环境中梳理脉络、寻找设计依据。本书围绕一系列具体的建筑聚落空间的形质分析，有针对性地对平衡建筑理论与实践模式加以辨析，以期对建筑学及相关专业的课程教学和当下相关建筑设计有所借鉴与帮助。本书适用于建筑学及相关专业研究生、本科生的课程教学，也可作为住房和城乡建设领域的设计、施工、管理及相关人员的参考资料。

责任编辑：唐旭 吴绫
文字编辑：孙硕 李东禧
责任校对：王烨

走向平衡系列丛书

有容乃大 建筑聚落空间的形质研究
吴震陵 李宁 著
*
中国建筑工业出版社出版、发行 （北京海淀三里河路9号）
各地新华书店、建筑书店经销
北京雅昌艺术印刷有限公司印刷
*
开本：850毫米×1168毫米 1/16 印张：10 字数：285千字
2023年3月第一版 2023年3月第一次印刷
定价：138.00元
ISBN 978 - 7 - 112 - 28481 - 8
（40890）

形质相生，有容乃大

自 序

如今我国城镇化已经转向内涵集约式存量型为主与增量结构调整并存的高质量发展模式。面对存量时代巨大的城市更新需求，在经过上一轮高歌猛进的建设浪潮后，我们需要停下脚步，总结并反思当前建筑设计的创作亮点及弊端。

时代在发展，建筑思潮也不断变化，曾经的建筑空间是否还能满足当下的需求？

因岁月流逝而显得陈旧、破损的建筑，以及逐渐衰败、被冷落的城市空间节点如何才能焕发生机？

城市文脉的发展延续又怎样通过建筑形体、材质、色彩与空间格局等城市肌理及地域文化关联来呈现？

面对当代建筑技术发展的新特点，建筑师如何坚守设计的初心、营造新时期的建筑环境？

……

新时期的建筑设计，需洞悉这些变化，并始终把握其中的关键——建筑空间的形质合一。

在当下这个时间节点上，我们更应清醒地认识到，经济发展是有周期的，建设规模是需要经济支撑的，建筑产品的产出是要消耗大量能源的。

面对前面三十多年如此快速的发展、大规模的开发建设和资源投入，使我们在把握机遇的同时也经受着考验，考验的核心就是我们参与的建设在目前以及将来是否适宜。

本书从建筑聚落的视角来考虑如何应对复杂的整体环境。之所以强调"建筑聚落空间"的形质，是为了突出表达设计所面对的错综复杂而又有迹可循的整体权衡关系，突出建筑师需要在层层嵌套的聚落层级环境中梳理脉络、寻找设计依据。

大至城市、乡村，小至一组相对独立的建筑群组，都是建筑聚落的不同表现形式。建筑聚落与自然界的海岸线、社会的层级管理组织一样，范围可大可小，相对小的聚落嵌套在相对大的聚落中，体现出"自相似性"。

新的建筑聚落如同其上一个层级聚落的一个新生部件，在空间上植入了大聚落特定部位中，在时间上顺应着基地几千年来历史长河的延绵，进而，通过人的活动来与整体环境进行物质、能量以及信息等方面的交互，吐故纳新、继往开来。

本书围绕一系列具体的建筑聚落空间的形质分析，有针对性地对平衡建筑理论与形质合一的实践模式加以辨析。本书所强调的不只是建筑物本身，而是强调特定建筑物从虚拟态到真实地介入整体现实环境脉络中产生的空间层级关联与变化；不是静态的单一空间与材质，而是动态连贯的空间序列形态与材质效能；不是片面地看人与建筑交互的某个界面，而是着重于人在连续空间里感受到的、连续延展的、随时变化的交互界面组合，以及界面后面的本质。

不论建筑聚落的空间规模、基地等方面如何变化，设计始终把握其空间形与质之间的平衡，讨论如何使最本原的空间形质感触成为人们日常的一种愉悦，以期对当下的城乡建设和研究有所帮助[1]。

壬寅年秋日于浙江大学西溪校区

---

1 本书所有插图除注明外，均为作者自绘、自摄；本书受浙江大学平衡建筑研究中心资助。

目　录

第 一 章
概 论

图 1-1 山水之间，形质相生

　　人类是选择性群居的动物，需要生活在一定规模和密度的群体
中。人类对从属于群体的需求是生理性的，从历史上不同环境背景
下的聚居形态可见一斑。

1.1 建筑聚落的构成解析

浙江大学建筑设计研究院多年来致力于平衡建筑设计及其理论的研究，其思想根基源于"知行合一"传统哲学智慧，追求在具体的创作中践行平衡中和的建筑之道。

平衡建筑理论的核心，就是"情理合一""技艺合一""形质合一"，这就是平衡建筑在"道、法、器"三个层面上所追求的知行合一[1]。

"形质合一"就是在"器"的层面上研究建筑之"形"与建筑之"质"的依存关系，由建筑技术所支撑的建筑之"形"需与建筑之"质"浑然一体，方是"合一"。平衡建筑所遵循的就是没有独立于"质"之外的"形"，也没有独立于"形"之外的"质"。

作为平衡建筑研究的一个组成部分，本书围绕建筑聚落空间的形质来展开。之所以强调"建筑聚落空间"的形质，是为了突出表达设计所面对的错综复杂而又有迹可循的整体权衡关系，突出建筑师需要在层层嵌套的聚落层级环境中梳理脉络、寻找设计依据。

1.1.1 建筑聚落概念界定

大至城市、乡村，小至一组相对独立的建筑群组，都是建筑聚落的不同表现形式。建筑聚落与自然界的海岸线、社会的层级管理组织一样，范围可大可小，下一层级的聚落嵌套在其上一层级的聚落中，体现出"自相似性"[2]。

建筑聚落作为满足人类生活、生产、交通或休闲等活动需求的综合体，包含物质性的和非物质性的两方面内容。其中物质性的内容也就是建筑聚落有形的外在实体表现；而依托于此物质载

---

[1] 董丹申，李宁. 知行合一——平衡建筑的实践[M]. 北京：中国建筑工业出版社，2021，8：3.
[2] （法）B. 曼德尔布洛特. 分形对象——形、机遇和维数[M]. 文志英，苏虹，译. 北京：世界图书出版公司北京公司，1999，12：29. 几何对象的一个局部放大后与其整体相似的性质，称为自相似性；自相似性是自然界与社会中普遍存在的客观现象，如延绵的海岸线、雪花的边缘线、社会组织管理的层级结构等。传统聚落"都、邑、聚"，以及现代建筑聚落，从城市到街区，再到组团，都体现出自相似性。正因建筑聚落具有自相似性，故而，关于建筑聚落的分析与研究对各层级的建筑聚落及其单体都有借鉴意义。

体，建筑聚落有着与其所处基地的自然、社会、经济、交通、文化等环境相关联的、信息丰富的非物质意义内容，非物质意义内容与建筑聚落中的人，以及建筑聚落自身环境密切相关。

"聚落"是一种在生产与生活活动中形成的社会共同体的聚合形态，是人类聚居的基本模式。每个学科关于聚落的定义都有相应的理解，考古学、地理学、历史学、社会学、人口学、经济学等各有侧重。比如在考古学中聚落所指的是一种处于稳定状态、据有一定地理空间并延续一定时间的史前文化单位；地理学把聚落分为乡村聚落和城市聚落两类；在人文地理学中，聚落被称为人口的文化景观，被认为是人类的居住活动所创造的最为典型的人文环境[3]。本书基于建筑学的理解围绕现代建筑聚落进行论述。

人类是选择性群居的动物，需要生活在一定规模和密度的群体之中（图1-1）。人类对从属于群体的需求是生理性的，从历史上不同环境背景下的聚居形态可见一斑，比如湘西苗寨、浙东渔村、山西大院、福建土楼等，还有许多矿区、厂区、书院等，都是在特定的自然、社会、经济、交通和人文等环境下生成的典型建筑聚落模式。在当今的时代背景下，建筑聚落空间组织设计更须结合其具体功能，从现实社会的客观条件和基地环境的制约出发，把握形与质之间的平衡，有创意地提供满足人们需求的空间。

1.1.2 建筑聚落要素分析

从"自相似性"的角度来分析各层级建筑聚落的要素，可归纳为"框架、链接、运行、级配"四大模块。建筑聚落空间的形质对人的作用，涉及"形态与材质""界面与本质"两组辩证的概念，形与质的平衡就体现在"框架、链接、运行、级配"四大模块中。

不论怎么来归纳建筑聚落的要素，最终还是要通过相应的建筑技术把各种建筑材料组合起来，才能构成这些要素。当前不断发展的建筑科技使得设计的选择余地愈来愈大，但设计并非一味地追求更新的建筑技术、更高级的建筑材料，而是要考虑所采用

---

[3] 李宁. 建筑聚落介入基地环境的适宜性研究[M]. 南京：东南大学出版社，2009，7：5.

的建筑技术、所选择的建筑材料是否适宜。在很多情况下，并非没有某种新技术、新材料，而是采用这些新技术、新材料的代价在当下是否适宜，或者说其性价比是否合适。

作为一个动态的、不断生长的有机系统，不论是城市还是村庄聚落，都在不断地演变和发展。作为聚落的组成部件，任何单体要素的改变必将对聚落环境产生影响，其关键是如何以适宜的建筑空间形质组织来整合聚落区域环境，从层层嵌套的层级关系来诠释聚落历史、设想聚落未来。

新的建筑聚落是其上一个层级聚落的一个新生部件，在空间上植入了大聚落特定部位中，在时间上顺应着基地几千年来历史长河的延绵，进而，通过人的活动来与整体环境进行物质、能量以及信息等方面的交互，吐故纳新、继往开来。

1.1.3 建筑聚落形质相生

传统建筑的基本材料是土、木、石，而现代建筑的基本材料是玻璃、混凝土与钢，这些无疑会影响到当今建筑设计的理念与方法。特定的材料在建筑师的理解和设计转化之后，就再也不是原来的物质材料，而转变为一种建筑聚落要素的表达，成为建筑聚落空间本质的显像呈现。任何一个开放建筑系统，因系统的物质、能量和信息的量度增加，其系统稳态必然须从低层次状态向高层次状态跃迁；建筑聚落形质相生的关键，就是要随时把握建筑聚落系统的平衡态。

从另一个角度看，建筑聚落之所以有独特的感染力，不是人们对混凝土、玻璃和钢等诸多建材的激动，而是由这些建材所支撑的建筑聚落空间组合在特定情境中对受众的心灵感召与引发共鸣。在日常生活中，人们能在自然界的直观中悟得某种与自己心灵相通的奥义或得到某种慰藉，这种感受效应可以对应在建筑之中，寻常大众不必去找特定建筑的高深莫测的解释；建筑贯穿于人类生存始终，本身应负载哲理于直观之中。一组苍苔斑驳的残垣断壁，其价值可能超过厚厚的一摞书；从历史的远处看，建筑遗存有时比历史上的朝代变幻还有影响力。

正是建筑材料的组合，可以使文化变成空间，使无形转为有

相，使精神可触可寻；进而能让人见时空之意、发意中之情，进入精神领域。这种精神层面的欣赏可以让不同的个体生命进入一种超然于物质构筑本身的愉悦状态，其结果或可改变欣赏者的精神偏隘。这种精神层面的欣赏或能把欣赏者的心扉打开，让大家看到一个美好的自己，这个自己，看似每日忙忙碌碌，居然也能体悟建筑形质的本原，引出最豪迈的遐想、最悠远的思念、最入微的观察、最博大的同情、最洒脱的超越、最会心的微笑；这个自己，看似平常，居然也能与天地同俯仰、与白云同舒卷、与明月清风同坐。

1.2 平衡建筑的形质合一

1.2.1 形态与材质

建筑聚落"形态与材质"这两者之间是辩证的统一。聚落形态是材质的组合与呈现，不存在无形态的材质，也不存在无材质的形态。建筑聚落的材质决定形态，形态依赖于材质，形态随材质的变化而变化。建筑聚落的形态对材质又有反作用，形态适合材质的组合与呈现，就会促进材质的功效，形态不适合材质，则造成两者之间的矛盾。

材质是建筑聚落空间存在的基础。同一种材质在不同条件下可以组合出不同的建筑聚落形态，同一种形态在不同条件下可以体现不同的材质效用。材质和形态的辩证法要求观察问题时，要注重建筑聚落空间材质与形态的统一性。

传统的建筑营造方式是以特定地方的自然材料进行现场手工加工为主的，而如今尽管在建设流程的末端工序中仍以手工作业为主，但材料加工已更多地远离施工现场进行预加工了。正因如此，传统聚落中那种对地方建材信手拈来的使用方式就不太可能会出现；当今的建造方式成为主流，许多传统的手工艺逐渐失传，技术的稀缺也导致其成本的上升[1]。

所以传统建筑只是在一个小范围内趋同，而现代建筑则在全球范围内趋同；正如传统社会中人们大多在乡里沟通，如今都是

---

[1] 陆激，邝洋. 当乡土已成奢侈——记景宁县秋炉乡希望小学建设[J]. 华中建筑，2007(3)：62-63.

在世界这个地球村里沟通。由于时代的发展、科技的进步与人们对美好生活的向往，在材质发展了的同时，必须有新的形态与之相适应。所以，要善于打破旧平衡、创立新平衡，这新平衡正是在旧平衡上的继承和扬弃。

1.2.2 界面与本质

"界面与本质"是建筑聚落空间外部表现和内部联系的一对范畴。界面是建筑聚落空间的外部联系，是本质在各方面的外部表现，从各个不同侧面表现本质；本质是建筑聚落的内部联系，是决定建筑聚落空间性质和发展趋向的内核。

任何建筑聚落空间都有本质和界面两个方面。世界上不存在不表现为界面的本质，也没有离开本质而存在的界面。本质和界面是统一的，但二者又有差别和矛盾。本质由建筑聚落空间内部矛盾构成，是比较稳定、深刻的东西，靠思维才能把握；界面是丰富、多变、直观的东西，用感官即能感知。

不同的界面组合反映出建筑聚落空间的本质，同一本质可以表现为千差万别的空间界面。特定建筑聚落空间的本质是相对不变的，但它表现出来的界面组合则随着空间的展开不断地改变着呈现样态。从人的认识方面看，建筑聚落空间的界面可以为人的感官直接感知，由于本质的间接性和抽象性，只有借助于思维体悟才能把握。建筑聚落空间不仅包括界面和本质两个方面，而且本质自身具有层次性，人们对建筑聚落空间的认识总是由界面到本质、由不甚深刻的理解到较深刻理解的逐步深化的过程。

1.2.3 同质与同构

"同质与同构"是指对象之间具有共同的性质或共同的构成方式，就传统聚落而言是指聚落与基地环境之间性质与构成的一致性，这包括聚落各组成部分自身的一致性以及聚落整体与环境的一致性。有的传统聚落因人群迁徙而荒芜了，又在大自然的风霜雪雨中分解为基地的原先成分，从自然中来，回到自然中去。

为了更好地以一个聚落整体与基地环境契合，必须相对淡化聚落内部差异，聚落对外的整体性是以内部的"同质与同构"为

背景才得以成立的。为了强调聚落的整体性，除了聚落内部特殊的部件之外，必须是一样或者相近的色彩、材料和构造。当然微差总是存在的，聚落各组成部分的功能不同势必引起单体形态的不同，保持色彩、材料和构造等内容的相同与相近，才能明确其所属。聚落中的微差是在"同质与同构"这个前提下的微差。

"同质与同构"是传统聚落的一个显著特征，更是一种制约机制，当时的交通、经济、文化等条件使传统聚落的这个特征得以很好地保持着。社会在发展，许多限制如今都不复存在，在聚落演变中大量的外部刺激吸引或促使着聚落朝"非同质"的方向突变，若能运用现代的建筑材料、施工技术等条件，与原来的总体保持"同构"，同样引发人们对聚落历史纵深的联想，这是一种成功的演变。

但完全背离了"同质与同构"，则聚落就演变为大拼盘，失去原有的内涵与感染力。从这个角度分析，建筑聚落的空间形质演变可归纳为同质同构、同质异构、异质同构、异质异构等不同方式，须结合所要面对的具体情况进行具体分析，其中的核心是形与质的平衡，这正是平衡建筑形质合一的着力点。

1.3 有容乃大的建筑诠释

每个具体建筑聚落虽然使用要求各不相同、基地环境也千差万别，但建筑聚落空间的形质组织是都在进行的。适宜性建筑聚落的空间构成具有一定的共性，可概括为"有容乃大"。

具体来说，就是"框架、链接、运行、级配"四大要素中所体现着的"区域标识性""路径通达性""内部共享性""序列层级性"。"有容乃大"强调的不只是建筑物本身，而是强调特定建筑物从虚拟态到真实地介入整体现实环境脉络中产生的空间层级关联与变化；不是静态的单一空间与材质，而是动态连贯的空间序列形态与材质效能；不是片面地看人与建筑交互的某个界面，而是着重于人在连续空间里感受到的、连续延展的、随时变化的交互界面组合，以及界面后面的本质。

区域标识性是指建筑聚落空间在物质和心理上有着特定的边界和中心，使其中的人员能够清晰地感知其所属的群体，这涉

及主要建筑单体与核心空间单元的标识、以及群体空间与外部空间交互界面材质的关联。环境舒适感就来自人们感觉到自己身体安全、自在而体现出的一种内心愉悦，是人们为满足某种需求而对特定空间范围及空间所有物的可控制性、可把握性的感觉；区域标识性所促成的空间环境的可感知性是环境舒适感的前提。区域标识性统领着聚落空间的路径通达性、内部共享性和序列层级性，体现了建筑聚落空间构成的框架特征。

路径通达性是指建筑聚落空间通过步行的方式可达到的可能性与便捷性，这涉及建筑聚落功能分区的适度性和交通组织中对步行系统的安排。无论科技如何发达，面对面的沟通永远是促成彼此了解的最有效手段，肢体语言的辅助以及细微的呼吸、眼神等变化是语言、图像交流无法取代的，聚落空间的步行可达性是提高人们面对面沟通机会的基础。聚落单体的局部集聚可使聚落整体空间更具通透感，从而使人们乐意采用步行的方式穿行于其中。路径通达性体现了聚落空间构成的链接特征。

内部共享性是指建筑聚落内部有着共同的利益，一旦纳入群体内部，则在群体中进行物质资源和信息资源的共享，并相互依赖。对应建筑聚落空间组织，更侧重于通过空间节点吸引人们活动于其中，以空间节点这个物质资源的内部共享性促成该节点中的信息共享，这样才能使群体空间产生一种张力，使建筑聚落空间成为共同认可的场所。人们在这样的聚落空间中不经意地邂逅、随意闲聊，呈一种放松的状态，思维的创造性、灵感的火花由此引发。内部共享性是聚落空间构成在步行可达性基础上的发展，体现了聚落空间构成的运行特征。

序列层级性是指建筑聚落通过空间层级组织和交通流线划分，整个聚落空间序列由外围到内心层级过渡，逐步减少外来干扰，使聚落内部相对稳定。在整个建筑聚落中，活动于其内核的新成员总是占少数；基于空间的内部共享性，新成员能够很快融合到整个群体中，如同有机体的新陈代谢，享受并加入新的共享资源但不会改变机体的主要特征；群体能够有效地察觉到陌生个体的进入，并自发产生提示，这使得群体中的每个个体都更具有安全感。序列层级性体现了聚落空间构成的级配特征。

作为一个动态的、不断生长的有机系统，不论是生活、生产或者其他功能的建筑聚落，都在不断地演变和发展；具体项目还会涉及具体操作过程中的某些问题，最终结果往往并非都令人满意。作为建筑聚落空间的形质研究，其关键是如何以适宜的建筑聚落空间组织来整合聚落区域环境，诠释该建筑聚落现实应对的适宜方式并设想其未来发展的可能[1]。不论建筑聚落空间规模与基地等方面如何变化，设计须把握其形与质之间的平衡，探索如何使最本原的建筑感触成为人们日常的一种愉悦。

建筑聚落空间设计的成功远不是建筑生命的最终实现，还必须考察以现场为中心的施工完成度；施工完成也不是聚落生命的最终实现，还必须考察使用者的接受状态；使用者的接受状态仍不是聚落生命的最终实现，还必须追踪社会大众离开后对其进行自发传播的社会广度；一时的社会传播面还不够，还须进一步考察在历史过程中延续的长度。建筑聚落空间的形质研究是一种以设计为起点的系统行为，必须以社会性的共同心理与身理体验为依归。

建筑聚落空间的形质评判，正是要在一组序列空间里进行现场反馈的群体鉴赏活动。无论是设计者、建造者，还是使用者、欣赏者，都是人数众多，且需要发生现场共鸣。因此必定比其他个体艺术、单项艺术更诉求社会共识。在特定时期，建筑聚落空间甚至可能成为一种社会精神的冶炼现场和释放场所。

故而，无论在哪个时代、哪个国家，整体的社会建筑生态远比具体的建筑作品更值得研究与把握；社会大众对建筑的理解方式远比设计者的设计构思更值得分析。

分析与研究，是为了更好地把握时代与社会的脉搏，在此基础上的沟通与引导才有可能。

---

[1] 沈济黄，李宁. 建筑与基地环境的匹配与整合研究[J]. 西安建筑科技大学学报（自然科学版），2008(3)：376—381.

第 二 章
博弈均衡：江南燕园

有容乃大

图 2-1 旧日宫墙，江南新姿（赵强 摄）

　　求学往事总会在一个人的记忆深处留下美好的印迹。当曾经的
学子们逐渐老去，还会在梦中依稀回到江南故里，耳畔响起从光影
斑驳的一段段窗墙后传来的琅琅书声。

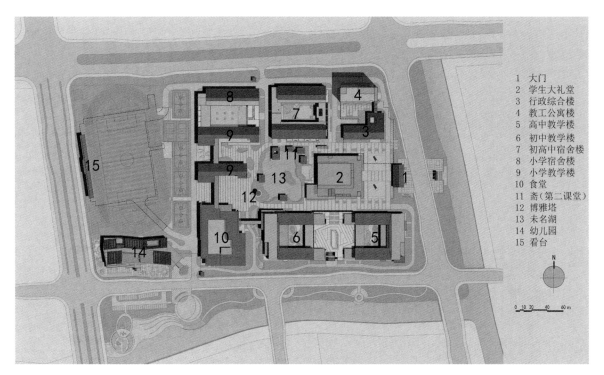

图 2-2 北大附属嘉兴实验学校总平面图

1	大门
2	学生大礼堂
3	行政综合楼
4	教工公寓楼
5	高中教学楼
6	初中教学楼
7	初高中宿舍楼
8	小学宿舍楼
9	小学教学楼
10	食堂
11	斋（第二课堂）
12	博雅塔
13	未名湖
14	幼儿园
15	看台

2.1 需求与均衡

矛盾存在于一切事物的发展过程中，每一事物的发展过程中都存在着自始至终的矛盾运动。和谐，是矛盾的一种特殊表现形式，体现着诸多矛盾的相互依存、互相促进、共同发展。和谐并不意味着矛盾的彻底消失，和谐的本质就在于协调事物内部各种因素的相互关系，促成最有利于事物发展的状态[1]。这就是诸多矛盾在博弈中达成的一种均衡状态。

在不同的"人"的眼中，或者甚至只是从设计到施工使用了不同的技术、为不同的市场需求服务，对相关问题的评判结果将完全不同，可能每一种看法都是正确的[2]，而这些则是设计所要面对的。在北大附属嘉兴实验学校的设计中，对如何在各方需求的博弈中把握相对的均衡进行尝试。

北大附属嘉兴实验学校是北大青鸟文教集团与嘉兴经济开发区共同合作创办的一所集幼儿园、小学、初中、高中为一体的国际化新型综合学校。

学校位于长三角杭嘉湖平原腹地嘉兴国际商务区内，总用地面积98421㎡，总建筑面积123289㎡，可容纳近3000名学生就读（图2-1~图2-3）。

---

1 董丹申，李宁. 知行合———平衡建筑的实践[M]. 北京：中国建筑工业出版社，2021，8：27.

2 （美）凯文·林奇. 城市形态[M]. 林庆怡，等译. 北京：华夏出版社，2001，6：32.

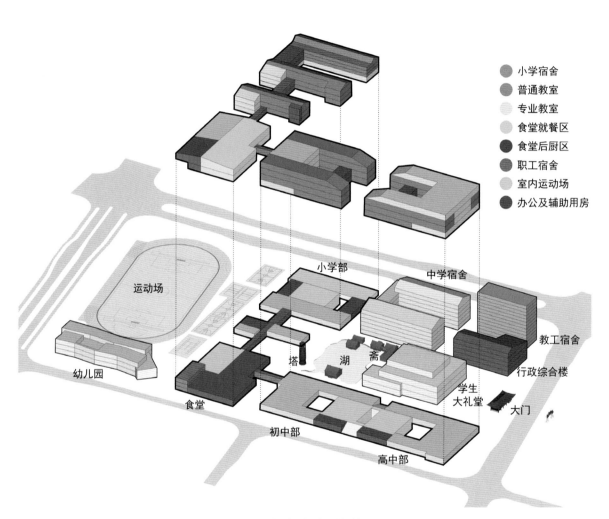

图 2-3 北大附属嘉兴实验学校功能分析图

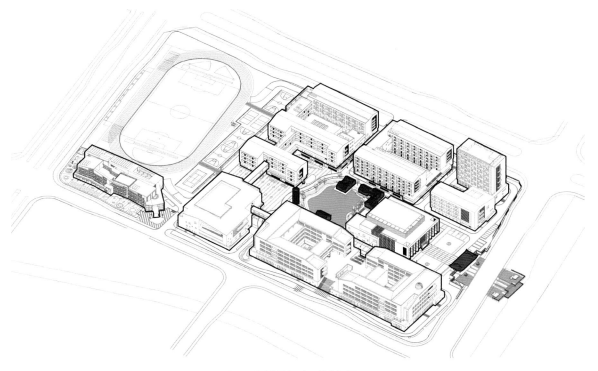

图 2-4 北大附属嘉兴实验学校轴测图

2.1.1 南北融合

这是一个位于江南历史名城嘉兴的现代化学校，这又是一处秉承北大"爱国、进步、民主、科学"光荣传统的江南燕园。

嘉兴地处江南，其建筑风格体现典型的水乡特色。北大附属嘉兴实验学校以江南特色的建筑元素贯穿设计始末，同时引入北大的红墙、青砖、灰瓦、西门、未名湖、博雅塔、群斋等代表性建筑风格与景观元素，传承和发扬北大的传统与文化，实现学校之南北融合、于江南构筑燕园的设想（图2-4）。在多方需求的博弈中能够创造性地平衡诸多矛盾，达成多样性的共存，这样方能营造生机勃勃的建筑聚落空间样态。

2.1.2 回归本真

学校承载着"北大精神在这里延伸"的责任和使命，将使北大"爱国、进步、民主、科学"的光荣传统，"勤奋、严谨、求实、创新"的优良学风，"思想自由、兼容并包"的北大精神在嘉兴扎根（图2-5）。通过设计梳理与沟通，促成建筑聚落空间良性的可能性持续地向现实性转化。

以"传承北大精神，回归教育本真"为办学理念，使建筑聚落空间具备持续适应环境变化和功能变化的能力，关注每一个孩子全面而有个性的发展。立足传统、面向未来，培养"德智体美劳"全面发展的学生（图2-6）。

食堂 | 游泳馆　普通教室 | 计算机教室 | 科学教室 | 书法教室　篮球馆　舞蹈教室 | 天文馆 | 化学实验室

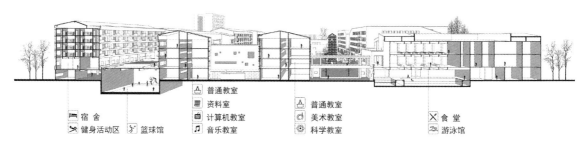

宿舍 | 健身活动区 | 篮球馆　普通教室 | 资料室 | 计算机教室 | 音乐教室　普通教室 | 美术教室 | 科学教室　食堂 | 游泳馆

图 2-5 北大附属嘉兴实验学校剖透视图

图 2-6 北大附属嘉兴实验学校运动场 (赵强 摄)

图 2-7 北大附属嘉兴实验学校食堂（赵强 摄）　　图 2-8 北大附属嘉兴实验学校大礼堂（赵强 摄）　图 2-9 北大附属嘉兴实验学校大礼堂门厅（赵强 摄）

2.1.3 张弛有度

设计注重现代教育建筑空间的技术环境、物理环境、人文环境、心理环境等特点，更加符合学生的发展及教育需求。校园聚落布局突破传统学校功能独立分区布局的做法，采用层级综合体布局概念，强调空间的有序流动和转换，提高校园聚落空间的使用效率（图 2-7~图 2-9），提升校园建筑聚落运行的安全性和便捷度。校园前区规整、开阔有序，后区自由、蜿蜒曲折，体现中国传统精神所追求的一张一弛的阴阳之道。

2.2 动态与稳定

总体布局中着重打造小未名湖，单体围绕中心园林布置，并与之形成有机的整体。选择东侧作为校园的形象主入口，是因为东侧入口不仅迎向城市新区核心绿轴，也更有利于结合东侧禹德港沿河绿带，共同形成入口空间的纵深感和场所感（图 2-10）。

2.2.1 格局与轴线

在聚落总体格局上，构建东西向的校园主轴线，前区有与北大西门一脉相承的主校门（图 2-11），穿过校门就是以草坪和华表为主题的校园礼仪广场。广场正前方的大礼堂与教学楼、综合楼"品"字形布局共同围合前区。

大礼堂西侧室外小剧场紧邻开阔的未名湖面，小学与中学教学楼、食堂和中学宿舍都绕湖而立，在湖边亲水处散落若干体量较小的取自北大校园元素的学斋，更加彰显水面的秀美和园林的精巧（图 2-12）。

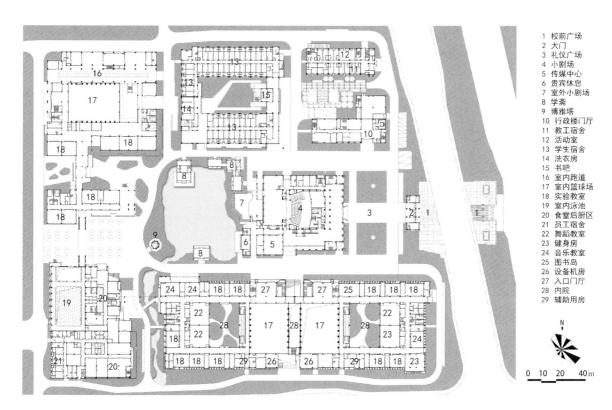

1　校前广场
2　大门
3　礼仪广场
4　小剧场
5　传媒中心
6　贵宾休息
7　室外小剧场
8　学斋
9　博雅塔
10　行政楼门厅
11　教工宿舍
12　活动室
13　学生宿舍
14　洗衣房
15　书吧
16　室内跑道
17　室内篮球场
18　实验教室
19　室内泳池
20　食堂后厨区
21　员工宿舍
22　舞蹈教室
23　健身房
24　音乐教室
25　图书岛
26　设备机房
27　入口门厅
28　内院
29　辅助用房

图 2-10 北大附属嘉兴实验学校一层平面图

图 2-11 北大附属嘉兴实验学校主校门（赵强 摄）

图 2-12 北大附属嘉兴实验学校学斋（赵强 摄）

图 2-13 北大附属嘉兴实验学校中学部教学楼（赵强 摄）　　　　　图 2-14 北大附属嘉兴实验学校中学部大台阶与主入口（赵强 摄）

图 2-15 北大附属嘉兴实验学校幼儿园门厅 (赵强 摄)　　　　　图 2-16 北大附属嘉兴实验学校幼儿园楼梯 (赵强 摄)

2.2.2 分区与流线

一贯制国际化学校与大学活动的趋同趋势明显，校园内需要更多的支持广泛学习行为的学习空间。基于此，设计突破传统的布局模式，不再设置单独的图书馆、实验楼、艺体楼等单体，有意识地模糊各类教学空间、公共空间之间的边界。校园整体分为中学部综合体（图 2-13、图 2-14）、小学部综合体、幼儿园、共享组团、食堂和室外运动场等几大功能区块。

幼儿园位于地块的西南侧，自成一体，方便接送。幼儿园从幼儿的实际使用出发，外立面采用适宜的色彩，内部营造丰富的空间层次（图 2-15、图 2-16）。校园的教学空间从传统教室到走班教室、从基本课堂到隐形课堂，在不确定性中寻找现在与未来

空间的平衡。通过中学部综合体、小学部综合体等综合体功能模块，把空间的多元化、适应性和模式多样化的考虑贯穿始终，使校园聚落中的各类空间交流共享。

校园聚落的主体范围均为步行区域，运动、生活、教学等区块距离合理，主要的教学和生活用房均围绕核心的景观院落来布置。小学部自成一体，中学部通过连廊可便捷到达大礼堂、宿舍和食堂。湖边的小径和汀道，为整个步行体系平添了几分趣味。

车行入口位于地块的西南部，机动车通过南端的车库入口即可下到地下车库，东侧校前区教工组团下设置教师员工的地下车位，校前入口附近靠近行政综合楼设若干临时车位和中巴车位以方便外来人员的业务联系与参观。

图 2-17 北大附属嘉兴实验学校中心水景（赵强 摄）

图 2-18 北大附属嘉兴实验学校食堂与连廊（赵强 摄）　图 2-19 北大附属嘉兴实验学校食堂入口（赵强 摄）　图 2-20 北大附属嘉兴实验学校室外活动场（赵强 摄）

2.2.3 景观与文脉

中部的景观园林西连体育运动区，东接共享交流区；园林以小末名湖为核心，以博雅塔为空间标识，再现北大校园中的经典场景。师生在校园中活动，对校园建筑聚落空间的需求并不是单一的，生活的多样性以及师生在环境中的行为和心理特点，决定了对聚落空间的要求也必然是多样的，这不是通道式和孤岛式的开放空间能够满足的。开阔的湖面将学斋、博雅塔、步道等加以整合，空间形质的典雅、水面的秀丽、绿化的适宜，共同形成生动有机的整体。自园林往东，水系渗入聚落的主轴线，最后在校门入口收头，和基地东侧的城市河流遥相呼应（图2-17）。

整个校园聚落以传统江南院落为母题，以塔、湖、斋等极具北大校园特色的元素为点缀，实现江南燕园之设想。在建筑聚落空间色彩处理上，以灰白色为主基调，以木色和透明的蓝色为点缀，既符合江南传统建筑淡雅的格调，又不乏中小学校所需的轻松活泼的氛围（图2-18~图2-20）。

针对特定基地环境与文脉关联，身份认同、传统、历史和文化等都是重要的主题，也是思考如何与过去建立联系、如何使建筑聚落空间发展可持续的切入点。

2.3 空间的主体

关于建筑的评判，都会涉及价值的权衡。"价值"这个概念是从人们对待满足他们"需要"的外界物的关系中产生的；而"需要"从来就是"主体"的需要，"价值"就是主体对客体的需求关系。针对建筑各方主体的人性化考量越充分，越能体现出建筑需求得以满足的价值[1]。

在建筑聚落空间设计、建造和使用的各个阶段中，涉及的空间主体有很多，他们的需求都是设计需要尊重和研究的对象。当人们在某个空间情境中获得参与感和被尊重的体验时，他们会发自内心地愿意参与其中。

校园就是师生共存、交流的地方，设计为师生的交流创造条件，使校园聚落空间能适应多种不同用途，而不只限于单一固定功能，从而使之具有一种被称为活力的特性，让师生有选择的余地[2]。尤其对茁壮成长的学生而言，校园应促进孩子们成长生活的全面发展；不仅能提高孩子们的心智技能，还能促进其社交能力和身体素质的不断发展。

如同鲁迅对百草园及三味书屋之眷恋，幼时求学往事会在一个人的记忆深处留下美好的印迹。纵观北大附属嘉兴实验学校的整个建筑聚落空间形质，玄黑瓦面、素雅灰墙、青绿竹木，与池水中书斋的倒影和铺地青砖，共同构成了校园整体意象。当曾经的学子们逐渐老去，还会在梦中依稀回到江南故里，耳畔响起从光影斑驳的一段段窗墙后传来的琅琅书声。

校门前一对石狮子默默地守望在这里。看大门进出的一代又一代学子，把对江南燕园的爱融入生命，北大精神在这里开枝散叶。

---

[1] 董丹申，李宁. 知行合一 ——平衡建筑的实践[M]. 北京：中国建筑工业出版社，2021，8：11.

[2] 李宁，王玉平. 契合地缘文化的校园设计[J]. 城市建筑，2008(3)：37-39.

第 三 章

多场耦合：不落琴笙

图 3-1 云水无弦万古琴

云卷云舒，潮起潮落。当八方游客登上琴台或者离去时，希望
能有一份属于自己内心的平静和从容。天地不墨千秋画，云水无弦
万古琴。沧海一声笑。

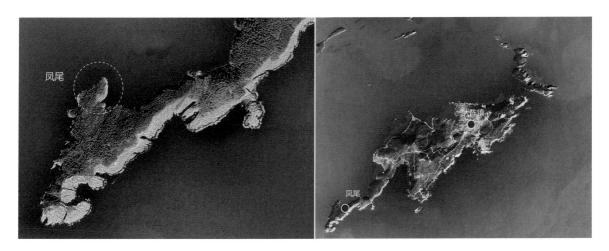

图 3-2 大陈岛琴主题区块的凤尾基地在大陈岛上的位置分析图

3.1 有无之间

耦,本指两人并耕。在物理学上,耦合指两个或两个以上的体系或两种运动形式间通过相互作用而彼此影响以至于联合起来的现象。进而在通信工程等领域,耦合是指两个或两个以上的元件或网络的输入与输出之间存在紧密配合与相互影响,并通过相互作用从一侧向另一侧传输能量的现象。概括地说,耦合就是指两个或两个以上的实体相互依赖于对方的一种样态[1]。

对应到不同学科就会有不同的耦合关联,如化学上的键、物理上的场、软件编程上的数据代码、建筑设计上的建筑与基地模块,等等。现实工程中,耦合关联的影响是多方位的,温度场、应力场、湿度场等均属于动态因子,而设计要解决的许多问题是这些变量的叠加问题,因为这些变量是相互影响的,这种多个耦合关联相互叠加的样态就是多场耦合[2]。在此以大陈岛琴主题区块为例来分析建筑聚落与基地的多场耦合,在山海的有无之间,接收基地原始信息,进而将信息放大发送给参观者(图 3-1、图 3-2)。

大陈岛位于浙江台州市椒江区,距离海门港 52km 的台州湾洋面上,曾经是十分繁华的海上集镇,亦是海上丝绸之路的重要节点。但后来随着海上航道的变迁及海洋资源衰退,曾经繁荣的航运与海洋渔业受到了打击,大陈岛不复当年的风采,亟待寻找一条新的发展之路。如今大陈岛着力构建“旅游全岛化、全岛旅游化”格局,希望通过“琴棋书画诗酒花”系列主题区块的建设提升其旅游资源与整体影响力 (图 3-3)。只要建设得当并结合有效的运营,建筑聚落空间的吸引力对于地方的旅游、经济等发展有着非常良好的推动作用。

1　董丹申,李宁. 知行合一——平衡建筑的实践[M]. 北京:中国建筑工业出版社,2021,8:134.

2　宋少云. 多场耦合问题的分类及其应用研究[J]. 武汉工业学院学报,2008(3):46-49.

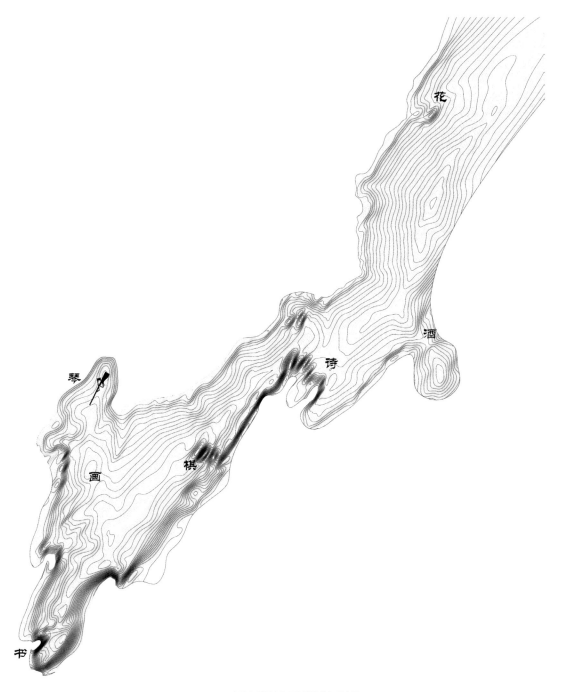

图 3-3 大陈岛系列主题区块总体分布示意图

图 3-4 琴主题区块西侧透视图

3.1.1 缘起

但闻海上有仙山，山在虚无缥缈间。

大陈岛森林覆盖率超过 50%，于 1993 年被批准为浙江省级森林公园，岛内自然和人文旅游资源丰富，具有较高的旅游价值。大陈岛由上大陈岛、下大陈岛两座岛屿组成，其中下大陈岛是大陈镇的行政、经济、文化中心，也是系列主题区块的基地所在。

从全岛看，"琴棋书画诗酒花" 系列主题建筑形成全岛层面的建筑聚落组合，从各个主题区块看，又分别结合基地特点营造各自的聚落空间形质。其中 "琴" 主题建筑区块的基地位于下大陈岛西侧名为 "凤尾" 的狭长半岛上（图 3-4）。

3.1.2 寻源

古人弄琴，意在高山、意在流水，琴其实是人的一种精神寄托。士无故不撤琴瑟，东晋诗人陶渊明不谙琴道，却也有一张无弦无徽的素琴，曾言 "但识琴中趣，何劳弦上声？"

文人们追求的，不是外在之声，而是由琴所激发的内心的满足。琴有形，而意无尽。其意，在弦外。故而，将琴主题区块命名为 "不落琴筌"。

"不落琴筌" 演化自 "得鱼忘筌" "不落言筌"，与不刻意用华丽辞藻和修辞手法却让文章出彩、清新一样，设计不刻意着眼于具象的琴器本身，而着意于琴韵所能带来的意境生发。

3.1.3 延续

每个基地都有自己的历史，自然就会有历史的积淀，这份积淀包含了这片土地千百年来文化、记忆、精神和情感的传承和累积。建筑聚落空间应该是属于环境的，要成为环境的一部分；同样，整个基地环境也是属于建筑聚落空间的，也可以成为建筑聚落空间的共生体。

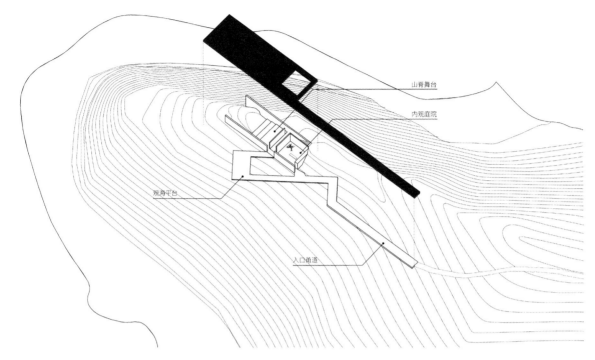

图 3-5 琴主题区块空间组合分析图

单以建筑界面所围合的范围来看，建筑聚落空间是非常有限的，但若是以视觉对空间的延伸来看，建筑聚落空间却可以是无限的。巧借天之辽阔、地之苍茫、海之浩渺，以山海之景牵引着游人，使人们在移步易景的观赏之余，感悟天人合一的奇妙境界。

3.2 耦合样态

从建筑聚落与基地形成的环境共同体来看，多场耦合的样态体现了耦合状况的好坏，可以表征建筑聚落与基地是在高水平上相互促进，还是在低水平上相互制约。

首先是建筑聚落模块的求变，即创造性地构建不同于基地本身现状的新样态。同时，该建筑聚落模块新样态被包容于基地环境模块中，两个模块的多场耦合形成了新的环境共同体，打破基地的旧平衡进而构建起新的平衡（图 3-5）。

3.2.1 因借

基地突出海面，三面环海。长期的海风侵蚀，留下巨大的礁石和低矮的植被，极具苍茫、辽阔之感。这样的环境，即使没有琴，也很自然地让人们联想到古人在这里舒臂鼓琴的场面。而椒江又与古琴有着不解之缘，现代浙派琴家的代表徐元白先生，正是台州椒江人。因此，设计选取古琴作为琴意向的解读。

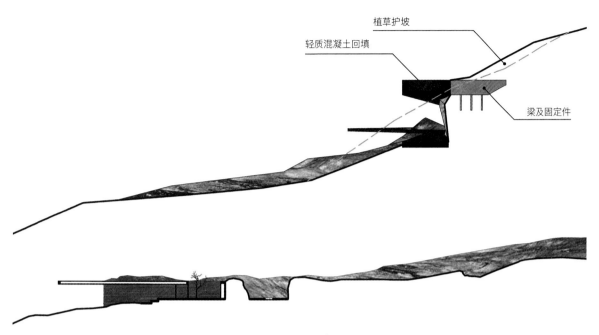

植草护坡

轻质混凝土回填

梁及固定件

图 3-6 琴主题区块剖面分析图

序列空间界面以横向线条作为基本的设计要素，使之在大自然面前延展开来（图3-6），与山海的走势保持一致并镶嵌在山体中。巧用因借的手法将山海景观纳入每一段的参观流线中，情与理在空间演进中交融，消解了常规意义上感性和理性的冲突。

3.2.2 形意

由于大陈岛常年海风较大，夏季又有台风肆虐。考虑到后期的运营维护压力，设计放弃了模仿具象琴器或者使结构纤细精巧用于发声的策略，而是将目光放回到基地本身。礁石之上，面对广袤无垠的天地、波澜壮阔的大海，正是抚琴佳处。新的琴台则似一张无弦素琴，低调介入（图3-7）。

因有情，理被赋予了价值和意义；因有理，情便不再是无根的浮萍。设计以情为出发点和着力点，深入挖掘主题区块背后的

情感、理想和历史渊源，并以理加以规整和引导。当情理不再是牵强附会的修饰，设计方才能回归其最初的动力和热忱。

从海面上看，琴主题区块序列空间界面所呈现的只是一条纤细的线条，暗示这里有一些人工的痕迹，并最大限度保留了基地本身的原始地貌景观。但在这样简洁的形体下，却又有丰富的空间和流线组织。

入口甬道是整个空间序列的起势，舒缓、悠长，如同一段连续的长音，若有似无。甬道一侧是开阔的海面，一侧是嶙峋的山岩，引人向前（图3-8）。经过一段转折的连廊来到观海平台，婉转、清新，是空间序列的承接（图3-9），如同几个连续音阶的变化，四两拨千斤。游人时而绕山，时而向海，正欲长啸却忽然转入内部空间。内观庭院作为空间序列的转接，幽雅、空灵，如同乐音突然变慢、变轻。

图 3-7 琴主题区块总体鸟瞰图

多场耦合：不落琴筌

（左上）图3-8 琴主题区块入口甬道透视图 （左下）图3-9 琴主题区块观海平台透视图　　　　（右）图3-10 琴主题区块内观庭院透视图

图3-11 琴主题区块山脊舞台外的礁石与海浪　　　　　　图3-12 琴主题区块山脊舞台透视图

　　院内有一枯树、一长凳，游人内心的情感与空间情境得以耦合（图3-10）。阶前几点飞红落翠，收拾来，无非诗料；窗前一片浮青映白，悟入处，尽是禅机。

　　序列空间交合于山脊舞台，深远、雄浑。曲调进入高潮，银瓶乍破水浆迸，铁骑突出刀枪鸣，鏦鏦铮铮，声如金石，愈久而声愈出。素混凝土台阶向山脊裸岩蔓延开去，水面带来腥咸的海风和海浪拍击的声音（图3-11、图3-12）。从山脊舞台上楼，则来到屋顶平台，如一柄琴面从山岩中伸出，指向远处的大海。

　　这里是全曲的尾音，飘逸、绵延、余音绕梁。山海茫茫，寄蜉蝣于天地，渺沧海之一粟。回望来时之路，短短数百米却是跌宕起伏。海天相接处，是自然的旋律（图3-13）。

3.2.3 心弦

　　空间界面的处理非常克制，利用原有的山体走势，在最小开挖的情况下嵌入其中，施工工艺相对简单，实施难度较小。建材采用深浅两色的混凝土，并充分利用原生的礁石，人工的材料与自然的肌理相呼应，仿佛从环境中生长出来。

　　大象无形，大音稀声。

　　山海之间，是弦动，还是心动？

　　琴无弦，而心有弦。

　　简洁有力的线性界面将自然环境的壮阔雄浑衬托出来，最终达到微妙的平衡，动人心弦。

　　以天地和鸣拨动你我心弦，共奏一曲大自然的乐章。

尾
音

图 3-13 琴主题区块屋顶平台景观意象分析图

3.3 大音希声

造物依理，触物生情。理固然依附于物；情，也生于物，感于物，成于物。理，循理，遵循基地条件、功能需求、材料结构之理性；情，抒情，抒发对自然山水、文化历史、地方人文之情感[1]。情理关系在建筑聚落空间生成中呈现出一种相互制约、相互依存而又相互促进的关系。

以情为源和本，以理为鹄和用[2]。建筑设计应该兼具情与理的双重视角，以"情"为建筑设计的立足点与出发点，究其文化渊源，察其微小情感；并辅以"理"，以其对建筑设计的各个阶段加以引导和约束。

台州市大陈岛琴主题区块的设计从建筑聚落的情理关系着手，通过对现状条件的深入挖掘，凝练出聚落空间形质与设计主旨，与基地自然、与人文等方面所蕴含的情感，以情为引、由情入理，力求实现建筑聚落空间的形质合一。

建筑聚落空间与自然是一个有机的整体，在朝夕的相处中彼此之间更能渐渐产生更多感情。建筑聚落从自然中长成，自然场地为聚落生成腾挪地方，彼此让步、互相成全，努力适应着彼此的性格，及至达到一种动态的平衡。而建筑师既是这段关系的缔造者，又是这段关系的受益者，细细感悟，亦能窥见建筑聚落与人、人与自然之间的奥秘。

云卷云舒，潮起潮落。当八方游客登上琴台或者离去时，希望能有一份属于自己内心的平静和从容。天地不墨千秋画，云水无弦万古琴。翩跹舞醉天外客，一颗微寒海中洲。

沧海一声笑。

---

[1] 董丹申，许耀铭. 山海之间的时光穿梭——台州市大陈岛军事博物馆的设计实践[J]. 华中建筑，2022(6)：63-68.

[2] 董丹申. 情理合一与大学精神[J]. 当代建筑，2020(7)：28-32.

第　四　章
和而不同：多元意蕴

图 4-1 上延霄客，下绝嚣浮

大尺度复杂综合性建筑聚落作为区域空间的社会责任应同时体现宏大格局的理性构想与感性的诗意阐述，在区域架构与社会人文中编织"情与理"，才能寻求建筑聚落"合一"的动态平衡。

图 4-2 山西国际会展中心总体鸟瞰图

4.1 城市纽带，会展公园

意蕴深远的建筑聚落体现着一个特定地方、一个时代的时空印迹 (图 4-1)，不同地方、不同时间的建筑聚落则展示着多元的风采。"和而不同"正是对"和"这一理念的具体阐发，讲的是在不同中寻找相同或者相近的因素。设计要追求和谐，为此包容差异，在丰富多彩中达成和谐。若总是强求一致，往往会因容不得差异而造成矛盾冲突。

如今大尺度的地标建设体现着一个时代的征程，城市扩张的宏大构想在城市格局与功能空间的约束下形成大尺度的建筑边界。现代大型展览建筑既是贸易展销、公共活动的场所，也是城市空间扩张与第三产业发展的重要城市经营手段。随着会展产业对于第三产业的拉动与城市开发的增益越来越受到重视，会展设施建设与会展活动的举办亦呈现连年增长趋势，以北京、上海和深圳等地为代表的复合型会展经济综合体模式代表了目前国内会展设施建设的主流方向[1]。不同于传统单一的展览馆模式，复合功能的会展经济综合体集成了会议、展览、酒店、办公、商业等多样业态，以大型展览、会议空间为核心，带动区域城市空间的土地开发与经济增长。

山西国际会展中心总建筑面积 51 万 ㎡，以聚落综合体模式来整合会议中心、会展中心、商业配套等诸多功能，其中净展面积 12 万 ㎡，项目的复合化、巨型化与城市定位的地标化共同促成了现代会展综合体设计关注点的变革 (图 4-2、图 4-3)。

---

1 李兴钢，谭泽阳，张玉婷．探求建筑形式、结构与空间的同一性——海南国际会展中心设计手记[J]．建筑学报，2012(7)：44-47.

和而不同：多元意蕴

图 4-3 山西国际会展中心总平面图

图 4-4 山西国际会展中心北侧鸟瞰图

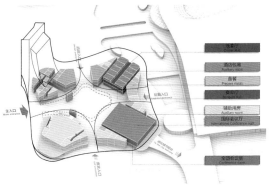

图 4-5 山西国际会展中心之会议中心形体分析图

4.1.1 城市结构的贯彻

大体量的会展经济综合体建设必然涉及四大城市问题：第一是如何贯彻上位城市规划，形成连贯统一的城市空间格局；第二是如何疏解瞬时城市交通；第三是如何塑造城市形象；第四是如何避免形成城市孤岛。

由此，山西国际会展中心设计提出"城市纽带，会展公园"的总体规划构想，以会展中心为引擎，联动周边街区，塑造会展综合体，以会展中心驱动经济发展来促发转型契机。同时以南北轴线两侧中央公园为背景，以潇河为脉络建构生态景观带，以会展公园的方式融入市民生活。

在潇河产业园起步区"一轴引领、双核驱动、四带串接、复合聚落"的规划结构下，山西国际会展中心的总体布局充分尊重其南北走势的城市基础架构，向北承接城市人流，向南衔接潇河景观（图 4-4、图 4-5），向东顺应商务中心与市民中心的交通连接，以磁悬浮站点为基点，沿东西横轴布局主登录厅、主入口广场，在南北较长的用地范围内以一条东西向城市轴线划分功能体

量，并沿轴线布局城市开放空间，疏导东侧商务中心人流，避免形成城市孤岛。

会展中心鱼骨式布局自南向北形成会展综合体空间主轴。在近 60m 宽的空间尺度下，南北长轴形成的内包式城市广场既能满足展览瞬时高峰人流需求，同时也希望其日常成为东侧商务中心与北侧居住区大量人群的公共活动空间。中轴广场向南延伸至城市展馆和城市公园，以较为低矮的建筑体量与轻量的开发强度来顺应城市设计中商务中心与金融中心形成的潇河两岸"综合功能联系轴"，联系轴两端为超高层城市建筑群，面向潇河逐级降低形成良好的城市天际与滨水视觉通廊。

十字式的空间架构不仅有效衔接城市设计的格局走势，在内部功能的组织划分上也以清晰的空间逻辑提升了大型展览空间的空间识别性（图 4-6），具有较高的空间效率与城市通达性。以此"空间十字"为纽带，通过会展公园的打造，面向潇河产业园提供不止于展览、会议的短时效功能载体，还是一个全天候、全时段的会展经济综合体。

和而不同：多元意蕴

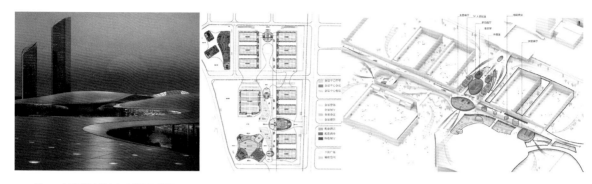

图 4-6 山西国际会展中心云状屋顶透视图　　　　　　　图 4-7 山西国际会展中心空间架构与功能布局分析图

4.1.2 空间效率的疏解

对于超大型会展而言，空间结构的明晰对于观展体验的塑造与空间方向的感知具有重要意义，同时有利于会展远期建设的空间衔接与布局调整。现代展览建筑较为常见的空间原型包括单边式、双边式、围合式与群落式四大类，其中双边式（又称鱼骨式或平行式）布局在展览面积较大时因其较为清晰简明的流线、相对独立灵活的展厅布局、较高的空间效率等特点，在目前国内外的大型会展建筑中成为主流布局。

山西国际会展中心在考虑分期建设与会议中心先行建设的前提下，设计构想在双边布局的基础上将会议中心与多功能厅作为两侧机翼布局于一期东西短轴两侧，加上四个 1 万㎡标准展厅，一期建设共包含展览面积 6 万㎡，形成的"小十字"构架即能以完全的功能架构支撑会展综合体的营运使用。二期以标准的鱼骨式展厅布局扩展展览面积 6 万㎡，与一期共同搭建完整的非对称十字式空间架构。明确的空间结构有利于缓解后期营运导航、人流与服务流的压力，也能兼顾布展的灵活性和展厅的均好性。"十字式"空间架构的价值不仅体现在城市格局的衔接与功能布局的合理高效，同时对于会展综合体内部交通压力的疏解与客运、货运流线的组织有重要作用（图 4-7）。

经测算，12 万㎡净展面积的满展人流约 5 万~8 万人，通过东西主轴的主入口广场与磁悬浮站点汇集至主登录厅，再通过二层南北中轴连廊向南或向北疏解人流至各标准展厅与会议中心，鱼骨式南北中轴的十字切分有效地缩短了观展距离，同时中轴连廊空间室内化可保证山西寒冷气候下的全天候功能连接。"十字架构"不仅彰显了会展综合体融入城市格局的空间理性，同时作为内部交通流线的空间映衬，为个体提供了有效的方向感知。

从会展布置规律来看，场馆的闲置不可避免。即使按50%的利用率计算，如此大规模的会展中心如何保证闲置时的这半年能够融入城市活动、避免形成城市孤岛是国内新建会展设施的设计重点。另外，大体量的展厅与传统会展封闭性大街区如何避免在城市框架内形成"无形的围墙"，保证城市街区的便捷可达性与穿越性也是目前会展经济综合体共同面对的难题。传统会展运维引入的配套酒店、小型商业等功能仅仅局限于"服务使用会议会展的人"，导致"有展有会才会有人"的流量模式没有得到本质上的改变，要打破"无会无展时无人"的区域孤岛现象，其中一种重要的方式就是在地块内植入"非会议导向的服务型功能"。

图 4-8 山西国际会展中心会展中轴公园鸟瞰图　　　　　图 4-9 山西国际会展中心沿水透视图

山西国际会展中心将餐饮、娱乐、体育、休闲商业等方向的功能置入会展综合体南北长轴，化解大尺度空间的疏离与会展功能的单一，不仅服务于会展会议的人群，也能够为更多周边城市居民提供日常服务，作为城市公园与人行街区融入市民生活。

利用总体格局下的"空间十字"衔接好周边潜在的城市流量动线，对流量进行良好的引导，通过对未来周边人群的需求分析形成合理的复合型功能布局，设计根据距离与交通网络连接预测流量来源地块，并对其进行了分级，通过分析各级流量地块的用地组成来推测未来人口组成，从而推演需求。在流量导入的基础上，以打造"公园式"体验为目标，通过步行线路串联多样化的内部生态景观空间，增强与外部潇河生态带的联系，强化滨河沿线统一整体的城市公共性，以对人本价值的提升体现新时代城市精神的感染力（图 4-8）。

4.1.3 街区形象的塑造

城市区域地标的本质在于形象彰显与视觉可达，形象的彰显有利于引发城市周边格局的分化、扩散与聚变，能够为城市居民提供基础的方向识别。

依托潇河两岸良好的空间视野，山西国际会展综合体将几大具有地标属性的建筑均沿河布局，城市特色展馆、多功能厅、国际会议中心、商业高层与西侧沿河规划的图书馆、艺术中心形成连贯完整的滨河城市形象，以统合的建筑群体树立潇河地标，成为对岸金融中心重要的视觉焦点。

地标形象的视觉化塑造层面，会展中心立面造型将三晋大地的自然色彩以像素化的方式来表述，表达一种云在城间绕、人在云上游的意境，屋面采用连续云状屋面。会议中心以传统山西红砂岩为原型，通过现代材料金属线条等来呈现红砂岩层层叠叠盘旋上升的纹理质感，别具情趣（图 4-9）。面向潇河的城市阳台承接了会展中心鱼骨式中轴的尽端，转而面向金融中心与商务中心的城市轴线，沉稳凝练。

顺应功能布局，山西国际会展中心以十字架构为基底，筑成连接城市骨架与未来城市发展的空间、时间纽带。城市展馆、会议中心、会展中心、商务综合体邻水而立，以鲜明形象昭示三晋新城建设的宏大格局。

图 4-10 山东药品食品职业学院图书信息大楼顶部俯瞰（赵赛 摄）

4.2 区域焦点，当仁不让

校园建筑聚落中的局部作为所处整体环境中的一个组成部分，其形态或从属于全局、或彰显其个性，这要根据环境特征而定。整体环境特征对于空间界面的表达无疑是至关重要的，环境特征在很大程度上影响着空间形态的生成、发展与变化，同时空间序列则以其独特的语言阐述所处环境的特征与意义。在校园建筑聚落中图书馆往往是一个重要节点，在统领校园总体格局、标识校园空间形态等方面有独特的重要性。

山东药品食品职业学院图书信息大楼位于山东药品食品职业学院威海校区的南门主轴线和东门次轴线的交汇处，位于校园中心位置，总建筑面积 30945 ㎡（图 4-10～图 4-12）。特殊的基地位置决定了图书信息大楼独具一格的功能形态、界面形态与空间形态[1]。当代图书馆正在实现工作对象从静态的印刷型文献资料向动态的数字化文献信息的转变、服务手段从手工借还方式向自动化和网络化方式转变、服务职能从以"藏、借、阅"的文献管理为主向文献信息的导航和重组转变，图书馆已成为信息高速公路上的一个重要节点，是满足师生一切与信息有关需要的服务中心，也成为一种典型的资源集散中心。

1 方炜淼，吴震陵. 山东药品食品职业学院图书信息大楼[J]. 世界建筑，2022（6）：108-111.

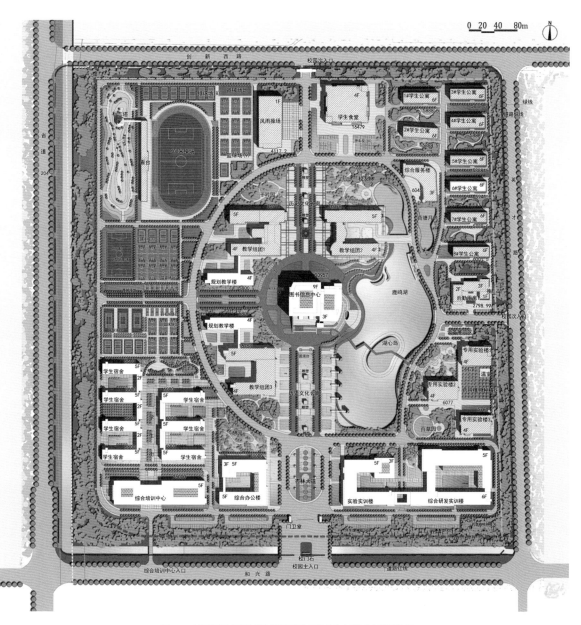

图 4-11 山东药品食品职业学院总平面图与图书信息大楼的校园位置分析

和而不同：多元意蕴

图 4-12 山东药品食品职业学院总体鸟瞰（山东药品食品职业学院 提供）

和而不同：多元意蕴

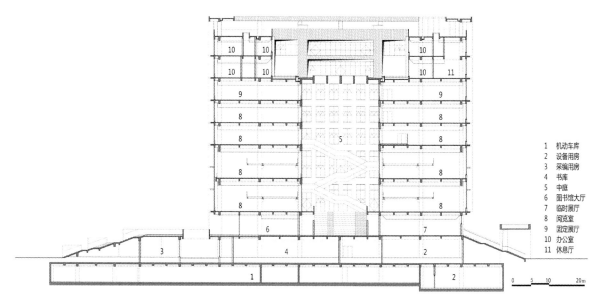

图 4-13 山东药品食品职业学院图书信息大楼剖面图

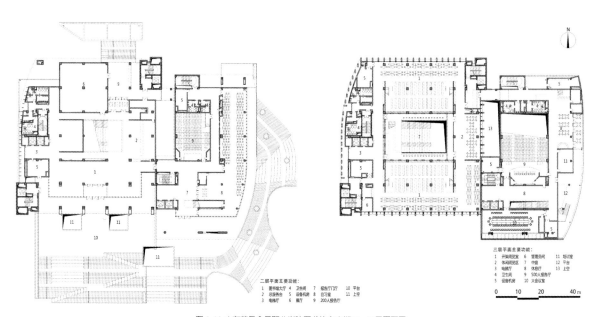

图 4-14 山东药品食品职业学院图书信息大楼二、三层平面图

图 4-15 山东药品食品职业学院图书信息大楼东南临湖场景 (方炜淼 摄)

4.2.1 稳重与对比

对于同样的功能需求，组织方式可以千变万化，要根据具体的环境特征而定。图书信息大楼共9层、高44.85m，由基座、主楼和裙楼三个主要部分组成，在进行功能分区时着重考虑其与形体的对应关系(图 4-13、图 4-14)。基座内是闭架密集书库和信息中心，主楼是阅览室和办公区域，裙楼是报告厅、会议室和自习室。

主楼一层为书库，二层为大厅和总服务台，三至六层为开架阅览室，七层为专题展厅，八、九层为行政办公空间。标准阅览楼层南北侧为开架阅览室，阅览区靠外、书架区居内，确保了阅览区的光照充足；西侧为由楼电梯、卫生间和设备用房等组成的服务空间；东侧为休闲阅览区，和中庭以及窗外的湖面分别形成互动；中心则是一个六层通高的中庭。

图书信息大楼所处的位置决定了其标志性建筑的定位，而周边教学楼的限定和45m的限高又决定了其形体不能向着挺拔或者舒展方向发展，设计以接近正方体的稳重体量和周围的长条状校园聚落单体形成差异(图 4-15)。在空间界面构成上强调均衡而反对刻板对称、强调形体组合之美而摒弃附加的装饰。

和而不同：多元意蕴

图 4-16 山东药品食品职业学院图书信息大楼阅览室内景（赵赛 摄）

图 4-17 山东药品食品职业学院图书信息大楼西南侧场景（方炜淼 摄）

图 4-18 山东药品食品职业学院图书信息大楼东北侧场景（方炜淼 摄）

图 4-19 山东药品食品职业学院图书信息大楼东侧场景（赵赛 摄）

4.2.2 模拟与表情

力争做足 45m 的限高以及总面积和单层面积的限制让层高的分配变得异常敏感，牵一发而动全身。设计用几种基准层高对应着几种基本功能空间，例如书库和标准阅览室为 4.5m、顶层办公室为 3.9m，二层图书馆大厅为 4.8m，等等。

在基本分配完毕后，由于面积余量不足以增加一个标准阅览层，而建筑高度则还有富余。设计把三、四层使用频率最高的阅览室层高做到 6.75m，使这两层层高之和正好相当于标准阅览室的三个楼层，这两层均可以局部增加一个夹层藏书空间，阅览区则更显高敞透气（图 4-16）。主楼的各种功能空间被一个纤维增强

水泥板包覆的遮阳系统所统一，形成独特的立面表情，模拟了书架和书本的形态。三、四层增加了层高的阅览室在立面上看还是三层，确保了立面的匀质统一。仅在顶层结合屋面展望廊，将遮阳构件拉高来完成形式上的顶部收头（图 4-17~图 4-19）。

设计采用简洁的几何体块相互穿插，通过切割、移位等手法创造出独特的空间魅力，突出了图书信息大楼在校园聚落空间中统领全局的作用。以台地广场拓展传统的图书馆门厅，营造可供师生交往、停留的兼容界面，将室内的部分活动转移到室外，在校园聚落大场景中烘托出此处作为学校交流平台的影响力，吸引师生停留并增加师生在此交流的机会。

图 4-20 山东药品食品职业学院图书信息大楼中庭内景（赵赛 摄）

图 4-21 山东药品食品职业学院图书信息大楼立面遮阳与大台阶（赵赛 摄）

4.2.3 中庭与适用

设计通过设置中庭把体量撑开的同时，尽量将自然光引入室内。冬季来自顶部的太阳辐射热可聚在中庭内蓄热，夏季则能将中庭天窗开启，通过自然拔风形成空气循环。通过隔断的设置可以将中庭、休闲阅览区与各层阅览室及服务空间完全隔开，使得主要阅览空间在冬天和夏天均获得了较好的空调效果，中庭地面做低温地面辐射供暖，作为冬季热空调的补充(图 4-20)。

立面上厚重遮阳构件的设置柔化过滤了海边强烈的阳光，遮阳构件在各面的形式有所差异。其中东、南向均为上下层错格布置；北侧虽无遮阳作用，但均匀设置之后，将其后的外墙实体部分增加，使窗墙比下降以更好地抵挡冬季西北风侵袭的同时、立面还能与其他朝向保持协调一致；西侧则将外墙实体部分进一步增加，并让遮阳构件转 90° 平行于立面布置，有效地遮挡了西晒光线。设计极其用心地强调了光线对空间的作用，无论是大面的

阴影效果还是细微的凹凸变化，都反复推敲光与影在空间上可能产生的韵律。简洁的几何体块使得造型具有强烈的雕塑感和纪念性，作为校园的核心节点强化了校园聚落中心区域的环境特征与统领整体聚落形态的意义(图 4-21)。

图书信息大楼吸引师生的不仅是书籍与信息，更因其所提供的交流空间。设计的任务并不仅仅是塑造空间，而是要让人们能够在这些静态的空间中开展自己的活动。

位于校园聚落中心位置和各主要轴线的聚焦点上，因此以当仁不让的鲜明形象表达了在信息时代的图书信息大楼在高校中所起到的更为重要的作用，并从聚落空间形质生成的角度体现了为师生服务、尊重知识交流的所有形式、利用技术加强信息服务质量、保护对知识的自由存取、敬仰过去并创造未来的设计思路。

空间形态本身由其层级聚落特征生发而来，而生成的空间界面组合又有效地强化了所处的建筑聚落环境节点的特征与意义。

4.3 扰动的平复

感性与个体在城市格局与宏大尺度的开发征程中不应丧失应有的想象与诗意。尤其在会展综合体的可持续建设进程上，对于人群、流量、行为、形象与空间感知的关注价值将直接体现在会展综合体的可持续运维层面。山西国际会展中心将理性格局下的"空间十字"引入复合化业态与开放性特征，在云状屋面的连续城市界面与诗意构想下，既有云逐河山的城市气魄，也有三晋地域的人文感怀。设计试图对新城增量建设中以土地开发为目的的大尺度城市聚落综合体进行一定程度的探索，大尺度复杂综合性建筑聚落作为城市空间的社会责任应同时体现宏大格局的理性构想与感性的诗意阐述，在城市架构与社会人文中编织"情与理"，才能寻求建筑聚落"合一"的动态平衡[1]。

人们对聚落空间的需求并不是单一的。生活的多样性以及人们在环境中的行为和心理特点，决定了对聚落空间的要求也必然是多样的，这不是通道式和孤岛式的开放空间能够满足的，其中必然涉及对社会文化变迁的感知。新建筑聚落的设计与落成，其实也提供了一个改造社会环境景观的机会，这正是为建筑聚落与基地环境相互渗透提供了一个完美的展示舞台[2]。环境美的奥妙在于结合，消解是一种结合、对比也是一种结合，山东药品食品职业学院图书信息大楼进行了积极的尝试。

所谓建筑聚落与环境的协调关系，并不意味着建筑聚落必须被动地屈从于自然、与周围环境保持妥协的关系。在特定环境条件下，个性特征突显、与周围环境形成一定反差，是在与环境的张弛对比中去求得整体均衡的一种方式，使得因建筑聚落的介入而形成扰动的基地环境在新平衡中趋于更高层面的平复。

---

[1] 董丹申，汤贤豪，李宁，章嘉琛. 城市纽带，会展公园——超大型会展经济综合体设计分析[J]. 城市建筑，2021(9)：132-134.

[2] 董丹申，李宁. 知行合一——平衡建筑的实践[M]. 北京：中国建筑工业出版社，2021，8：42.

第　　五　　章
一体浑然：水乡街巷

图 5-1 暗逐流水到天涯

寻常座椅、几缕花香，勾勒出幽静与雅趣。每当雨天，雨水洒在廊前阶下，连同水面泛起的水花，呈现出一幅烟雨江南的静谧场景。江南人，留客不说话，且听雨声。

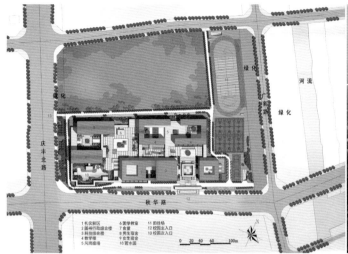

1 礼仪前综合楼　6 国学教室　11 田径场
2 固书行政综合楼　7 食堂　12 校园北入口
3 科技综合楼　8 男生宿舍　13 校园次入口
4 教学楼　9 女生宿舍
5 风雨操场　10 蓄水园

0　20　40　60　100m

图 5-2 桐乡市现代实验学校新校区总平面图　　　　图 5-3 桐乡市现代实验学校新校区总体鸟瞰（时差影像 摄）

5.1 隐形的合力

在许多校园设计与建设中，形式照搬、功能硬套的情况时有发生，加上目前设计周期普遍较短，这类新建校园往往偏重于形式，而忽略了整体的协调和细节的完成度，使得校园与周边既有城市环境及校园自身内部单体相互之间关系生硬。校园过于推崇时髦的造型风格；缺乏对传统文化的转译或传承；不能很好地契合城市脉络。这些，都严重制约了校园质量的提高。如何平衡好校园建筑与基地环境的关系，在校园设计中显得日益重要。

设计应当把校园作为一个完整的系统来进行设计构思，处理好校园建筑聚落复杂的时间、空间关系，通过聚落与基地之间隐形的合力让校园聚落契合于基地自然环境、社会人文环境，尤其注重建筑聚落的自我平衡，从而构建从细部到整体、从校园聚落到城市区域环境的有机统一、和谐共生的校园情境[1]。

桐乡市现代实验学校新校区总用地面积57127㎡，总建筑面积67476㎡。设计从整体连贯的视角进行不断的权衡，寻求整体到局部的聚落内在逻辑秩序，唤起学生们对于传统、地域、文化等方面的共鸣，力求实现江南水乡街巷的情境建构和传统文化的建筑诠释（图5-1～图5-3）。

1　吴震陵. 平衡策略，朴实建造——大连理工大学管经学部楼[J]. 建筑技艺，2020(1)：96-101.

　　　　　　　　　　　　　　　一体浑然：水乡街巷

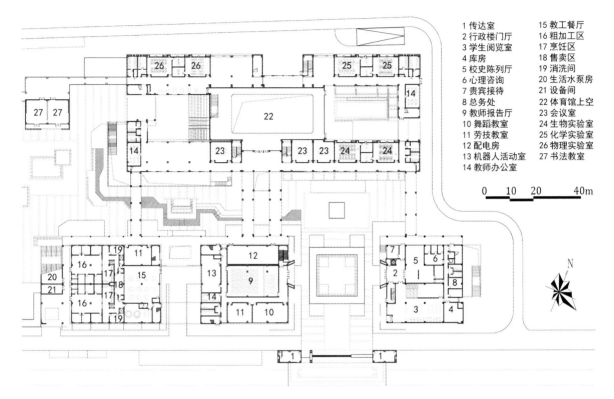

1 传达室	15 教工餐厅
2 行政楼门厅	16 粗加工区
3 学生阅览室	17 烹饪区
4 库房	18 售卖区
5 校史陈列厅	19 消洗间
6 心理咨询	20 生活水泵房
7 贵宾接待	21 设备间
8 总务处	22 体育馆上空
9 教师报告厅	23 会议室
10 舞蹈教室	24 生物实验室
11 劳技教室	25 化学实验室
12 配电房	26 物理实验室
13 机器人活动室	27 书法教室
14 教师办公室	

图 5-4 桐乡市现代实验学校新校区东区一层平面图

5.1.1 多维筑巷

自然环境是建设独具特色建筑聚落的重要构成要素，不同的地理环境、场地条件，建筑聚落空间形态的构成往往会有很大的变化。需要将建筑聚落与地形地貌结合考虑，建立其内在的有机联系，两者相互介入、相互依存、相伴而生，共同整合形成一个新的系统。在桐乡现代实验学校新校区的设计中，跑道和运动场被布置在窄边的"L"形中，从而保留下南侧方整的用地，巧妙地化解了不规则的用地条件。

在总体布局上，通过一条折形带状长轴串联起整个校园。在校园的序列空间中，轴线的强调能帮助建立空间的内在秩序，使整体性得到加强。那么如何处理好这条长轴成为校园设计的关键要点。长轴长约180m、宽25m，高宽比1∶1，曲折迂回，在某种程度上和传统的巷道空间形体不谋而合（图5-4）。

设计通过三条衔接各功能区的垂直廊将长轴分成了三段体验各异的空间：前段延续校前区的礼仪空间，有大树和片墙；中段的小桥流水尽显江南秀美；后段适当开敞，结合西南部的场地共构了一片景观园林。校园单体间通过三条连廊在不同的标高面沟通了南北，界定出各不相同的外部空间，为师生提供了更加立体的空间视觉感触（图5-5~图5-8）。通过传统建筑意趣的当代诠释，以适宜的建筑构造与技术来传承江南建筑意趣。

图 5-5 桐乡市现代实验学校新校区长轴前段校前区场景（时差影像 摄）　　　　图 5-6 桐乡市现代实验学校新校区长轴中段绿荫水巷（时差影像 摄）

图 5-7 桐乡市现代实验学校新校区空中连廊（时差影像 摄）

一体浑然：水乡街巷

图 5-8 桐乡市现代实验学校新校区长轴后段园林（时差影像 摄）　　　图 5-9 桐乡市现代实验学校新校区西侧鸟瞰与园林景观（时差影像 摄）

5.1.2 因势造园

建筑是连接人与自然的媒介，是服务于人的。要让人与自然更好地沟通，应该将建筑以谦卑的态度存在于环境之中。而一个平衡的校园构建，应当将其融入周边环境之中，形成整体和谐共生的状态。校园设计对各单体建筑的需求加以梳理，从而明确其在校园整体中的定位与体量，进而将各个单元根据其个体所需与校园聚落整体所需进行匹配与整合。

校园聚落单体的上下层采用了"叠加"的方式，大型的公共活动空间被安排在教学组团的底层，并给学生提供了更多的课间楼层活动平台。引入的连廊将多种功能有机地结合在一起，将廊腰缦回的江南庭院意趣立体化，丰富了校园空间层次。

在多维筑巷的同时，设计还在基地的西南部留出余地来构筑一处园林。该园林作为整个轴线转向的终点收尾处，位于食堂和宿舍的交接部位，也相对临近教学组团，从功能适用性来说能够为师生闲暇饭后休憩和散步提供绝佳的去处。同时，作为庆丰北路和秋实路交汇处的重要城市节点，能有比较好的环境和氛围展现给城市与市民（图 5-9）。

通过传统的院落式布局并吸纳独特艺术魅力与人文内涵的江南建筑意趣，构建了系统的"体验性"校园聚落空间序列。从单体局部空间到整体聚落空间序列，从墙、柱、门窗等建筑构件到整体形态，都承载着丰富的空间审美信息。

无论是校园主体建筑还是连廊，均注重对地方建筑风格的沿承和发展。庭院、山墙、屋脊、檐口、檩架、牛腿、栏杆、窗格等经典的建筑细节被提炼和再演绎，融汇在建筑聚落的空间组合中，使得校园聚落在富有江南韵味的基调上体现了桐乡地方建筑的文脉延续。

图 5-10 桐乡市现代实验学校新校区巷道与空间层次（时差影像 摄）

5.1.3 移情塑性

校区以黑白灰为基调，再现传统江南水墨画韵味，局部点缀了暖色，打破常见素色校园给人们带来的单调印象，营造一种更为轻松活泼的氛围。这种建筑材质语言配合混凝土现浇的缓坡屋顶，在校园聚落的各个单体中都得以体现，所构成整体的律动旋律使得建筑聚落的虚实界面有了内在的统一，既提升了校园的活跃度，同时也以当下的建筑营造来诠释了江南建筑的秀美。

校园聚落中的单体均以方正的体量施以缓弧线屋顶，控制好单体的形态特异和各自属性。单体设计须立足于建筑聚落群体的协同度，任何单体都是在群体中存在的（图 5-10、图 5-11）。

局部的镂空灰砖墙等细部处理，再现水乡街巷的场景。暖白色的小面砖是对传统江南建筑色彩的现代转译，在光照下其独特的质感肌理给人以更为亲切的感受，与近人尺度的镂空灰砖墙搭配产生鲜明的对比，使历史与现代、古朴与新潮在此交织。

图 5-11 桐乡市现代实验学校新校区主入口场景（时差影像 摄）

图 5-12 中共桐乡市委党校总体鸟瞰（时差影像 摄）

图 5-13 中共桐乡市委党校总平面图

5.2 婉约的大气

校园聚落需要通过与基地所处的社会人文环境匹配与整合来明确其自身的定位，在功能需求与地方人文时空脉络中找到其存在的依据与发展的动力。桐乡是一座充满婉约诗情的城市，将校园建筑聚落与城市层面的人文、地景进行统筹考虑，也是对我国传统建筑审美与智慧的传承。中共桐乡市委党校总用地面积 41020㎡，总建筑面积 45556㎡。

仅从功能配置角度，党校似乎和其他高校并无二致，都有教学、生活和运动等内容，然而实际上两者却有着较大的不同。和普通高校相比，党校的"主入口"无疑更需要强调庄重大气，而

与生活区对应的校园次入口是所有学员到达学校时的第一印象，形象上也没有那么"次要"，生活区的住宿及餐饮功能需考虑留有可对外使用的可能性（图 5-12、图 5-13）。

尽管学员在党校内学习的时间有限，但是一旦报到后，无特殊原因是无法离校的。因此党校校园内除了提供日间使用的各类教学、会议、讲座、讨论等学习空间和配套的餐饮空间和行政办公、服务空间外，还需尽可能在课后为学员提供各种有吸引力的活动空间，如运动、休闲、多样化交流等[1]。

1　吴震陵，方炜淼，赵黎晨. 中共桐乡市委党校[J]. 当代建筑，2022（7）：104-111.

图 5-14 中共桐乡市委党校校前区广场（时差影像 摄）

5.2.1 前庭后园

那么什么样的校园聚落空间能贴切地反映党校空间呢？第一，是要有一个正气的、以硬质铺装为主的校前区广场，用于大型会议的集散。要有摆放位置合适的"实事求是"石，也要有适合学员拍毕业照的"背景"建筑；第二，是要有一个学员可以在清晨、午间和晚间放松身心的以绿植为主的后花园以及围绕花园布置的就餐、运动、交流空间。

江南园林里的"前庭后园"模式恰好符合此需求，这是一个相对稳健且不乏变化的空间组织模式。再往深处挖掘，西湖园林的代表郭庄中的两宜轩蕴含着一种哲学意味：一轩之隔便隔出南北两个情境，提供两种情态、两种氛围。位于中共桐乡市委党校正中的主教学楼正是借鉴了两宜轩的设计智慧。

主教学楼面向"前庭"的立面中正严谨，东西两侧的行政楼与报告厅一方一长、一高一矮分列左右，呈非对称均衡之势。报告厅靠西侧设置以阻挡来自城市道路转角的噪声，行政楼靠东相对安静。"后园"以东侧次入口"大堂"为界，南为食堂、北为住宿楼。食堂居东面西，三幢住宿楼沿北侧的一、二期用地分界线一字排开，与主教学楼相对。最西的住宿楼略向南移，形成半围合之势；主教学楼二层大会议室挑空体量向北伸向园内，与食堂西向平台、住宿楼阳台遥相呼应，以增加"园"之趣味。

基地地势较为平坦，如何巧妙地进行总体布局和空间经营对校园聚落空间特征的形成至关重要。设计把教学楼首层标高抬高近 1m，在"前庭"处设置缓缓向上的斜坡广场，广场中央绿地则做平，在"实事求是"石的南侧及两翼形成踏步暗示坡度，也有利于拍摄集体照的站位。

"后园"则结合各单体首层和步道间的高差，采用自然绿坡过渡，局部堆土成丘增加层次。后园的核心是一池碧水，有慢道环绕、亭榭点缀，学员可于此处放松身心（图 5-14~图 5-16）。

图 5-15 中共桐乡市委党校校后园与教学楼（时差影像 摄）

图 5-16 中共桐乡市委党校校后园水景（时差影像 摄）

图 5-17 中共桐乡市委党校古朴而清新的用材（时差影像 摄）

图 5-18 中共桐乡市委党校报告厅前厅（时差影像 摄）

5.2.2 意古材新

设计试图用简约的黑白灰来描摹江南水乡意象。这里强调的是意象上的"古朴"和选材上的"清新"，灰色坡屋面、白色墙体为特征的主体建筑在造型、用色上均与传统建筑以及用地南侧的桐乡现代实验学校保持协调统一。意象之外，设计更感兴趣的是传统建筑中的构造智慧和设计讲究，从中吸取养分并尝试用"新"材料来进行现代化的建构。

墙面以底层光面与拉槽对比的山东白麻花岗石板和上部白色质感涂料为主，仅在压顶、檐口及部分墙面、门窗洞口处用挺括的、略偏暖调的灰色铝板和铝蜂窝板点缀、勾勒。这种勾勒不仅让建筑聚落界面更显精神，也是女儿墙压顶、挑檐和窗台构造的实际需要。

行政楼部分采用了穿孔铝板形成立面节奏，也巧妙地将起到通风作用的开启扇藏在其后，穿孔率的准确控制让室外呈现整体性的同时室内不觉闭塞。斜屋面则主要采用耐久性极佳的灰色钛锌板直立锁边系统，现代、简洁、大气且易于施工。设计对石材和金属的使用点到即止、较为克制，较好地控制住了并不算宽裕的建设造价（图 5-17、图 5-18）。

（上）图 5-19 中共桐乡市委党校庭院夜景（时差影像 摄）　（下）图 5-20 中共桐乡市委党校接待中心门厅（时差影像 摄）

5.2.3 刚柔相济

细节把控是形成建筑聚落整体表现力的重要因素，处理好局部与整体、个性与共性的关系，最终让部分之和大于整体，是校园建筑聚落空间组合所追求的境界。校园聚落中方形的体块以及硬朗的细部构建，包容着婉约兼容的内外空间；通过刚柔相济的序列变化以及不同的开放度和连贯性，建筑聚落空间的起承转合则更为宜人，生动表达了江南园林虚实互存、有无相生的艺术与哲学趣味。庭院配以别具野趣的灌木，一席座椅、几缕茶香，勾勒出幽静与雅趣。每当雨水从廊前阶下洒落，连同水面泛起的水

花，呈现出一幅烟雨江南的静谧场景。江南人，留客不说话，且听雨声（图 5-19、图 5-20）。

桐乡市委党校落成后获得了使用方、代建方和社会各界的广泛好评，使用方对完善的功能配置和高效的流线安排满意，代建方对合理的造价控制满意，社会各界对端庄的校园造型满意。最让设计欣慰的是，项目在造价控制和效果呈现的平衡这一点上让各方纷纷感叹"花小钱办了大事"。设计着力从整体到细部来推敲空间形质，形成既可远观、又可近品的环境感受，产生具有层次性和逻辑性的情境建构（图 5-21）。

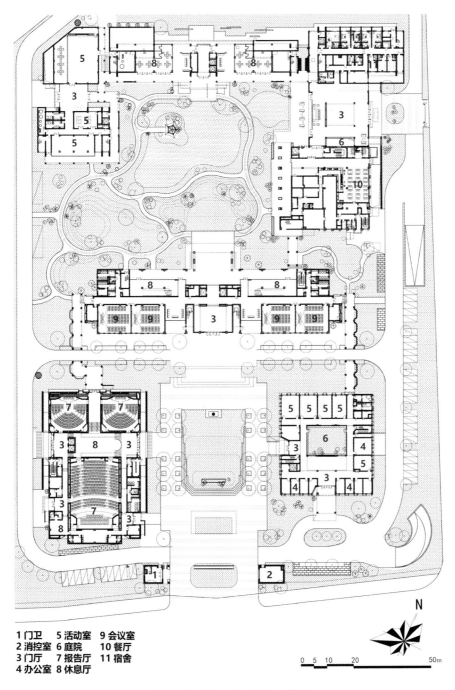

1 门卫　5 活动室　9 会议室
2 消控室　6 庭院　　10 餐厅
3 门厅　　7 报告厅　11 宿舍
4 办公室　8 休息厅

图 5-21 中共桐乡市委党校各单体一层平面图

一体浑然：水乡街巷

5.3 场地记忆

所有建筑聚落都处在一个特定的环境之中，而不是孤立存在的。无论是满足人们功能上的需要，或是寻找精神上的依托，校园作为一个系统性的建筑聚落，就必须充分考虑其各个组分之间及其与城市的多元包容、共享共生，处理好整体和局部、历史和现代的关系，达成建筑聚落自身以及建筑聚落与环境的平衡。

桐乡的这两组校园聚落在设计任务要求上虽有很大不同，但设计从基地环境和水乡文化寻源，通过具体的建筑聚落空间形质分析，把校园作为关联于城市脉络中的系统来进行对位，平衡好基地与城市这个大聚落的需求和发展，实现了建筑聚落与城市脉络的共生。整体连贯、浑然一体，既是整体性系统格局，又是对细节的掌控细致入微，将情怀与诗意、规则与需求等有机地结合在校园建筑聚落的营造中[1]。

校园聚落契合在周边水乡环境脉络中，在动静相宜、虚实相生、高低相盈、循序渐进的空间组织与韵律下，产生了檐下、院内、巷尾、墙边、亭中、林间、水畔等多种多样的空间感受。人们在"实与虚"之间的游走与经历中，实现人与建筑、自然、历史、文化的通感与诗化体验，新鲜感与似曾相识交织在一起，引发了师生的情境认同。

设计致力于通过组织各种建筑与景观要素唤起人们对传统美学的联想，这些情景化的要素因季节时辰而不同，随晨昏晴雨而变幻，遐思悠远。通过这些校园聚落空间形质的推敲，也试图对如何在快速的城市化进程中、保持和发扬地方建筑的文化特性并倡导地方建筑应有的文化自觉进行一定程度的探索[2]。

---

[1] 赵黎晨，李宁，董丹申. 整体连贯，浑然一体——桐乡市现代实验学校新校区设计回顾[J]. 华中建筑，2022(6)：46-49.

[2] 胡慧峰，董丹申，李宁，贾中的. 庭院深深深几许——杭州雅谷泉山庄设计回顾[J]. 世界建筑，2021(4)：118-121.

第 六 章
拓扑聚合：谁家扁舟

图 6-1 江岸数峰青

    建筑聚落的感染力在于向公众传递富有吸引力的环境信息，以
此激发公众的参与意愿和愉悦感；而公众对建筑聚落所蕴含环境信
息的接受度取决于原创性与可读性的平衡。

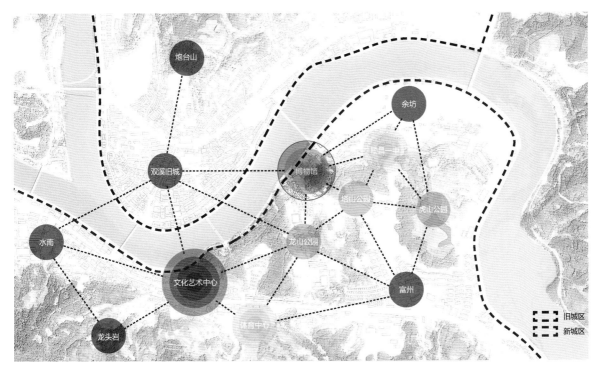

图6-2 顺昌博物馆、文化艺术中心等空间节点在城市聚落中的区位分析图

6.1 意象与拓扑

福建顺昌县属闽西北丘陵区，周边群山环绕，山中有城、城中有水，是典型的山水城市（图6-1）。顺昌博物馆、文化艺术中心等城市大聚落中的空间节点，作为展现顺昌地方文化和精神的载体，承载着唤醒城市记忆、振兴城市文化和传承城市精神的使命（图6-2）。

基地环境是一个综合的整体系统，有着自身的历史、现存和发展脉络，其构成原则不是唯一的，而是各方面的综合适宜[1]。在特定环境中存在的建筑，是对基地一脉相承的自然状况、社会规范、经济能力、交通基础和人文习俗等综合因素的实体表达，必然是与当地综合环境脉络紧密关联的[2]。

顺昌博物馆总用地面积18866㎡，总建筑面积10360㎡，是一个集博物馆、城市规划展示馆、会议、办公等多种功能于一体的城市综合体，基地的东南侧为塔山路，西北侧是富屯溪。

在顺昌的塔山脚下、富屯溪畔，自古以来就是船来帆往的地方，或启程，或归航，这里见证了顺昌千百年来绵绵不断的悲欢离合与梦想追求，也萦绕着顺昌游子的乡愁，博物馆的建筑形质通过空间组合的拓扑关系来构建该聚落节点的时空意象（图6-3）。

1 吴震陵，李宁，章嘉琛. 原创性与可读性——福建顺昌县博物馆设计回顾[J]. 华中建筑，2020(5)：37-39.

2 李宁，王玉平，姚良巧. 水月相忘——安徽省安庆博物馆设计[J]. 新建筑，2009(2)：50-53.

图 6-3 顺昌博物馆西南侧鸟瞰（赵强 摄）

拓扑聚合：谁家扁舟

图 6-4 顺昌博物馆总平面图

图 6-5 透过顺昌博物馆城市客厅看富屯溪（赵强 摄）

图 6-6 顺昌博物馆城市阳台（赵强 摄）

图 6-7 顺昌博物馆的大台阶与城市阳台（赵强 摄）

图 6-8 在顺昌博物馆城市客厅中晨练的市民（赵强 摄）

6.1.1 共享性：空间畅达

设计充分考虑博物馆与基地整体环境的匹配和整合，生发于基地并契合于环境之中（图 6-4）。在博物馆中部，通过一个跨度达 60m 的拱形共享大空间构建城市客厅，形成可供大量人流停留的城市小广场，以此来吸纳城市人流穿行其中（图 6-5）。城市客厅也为从塔山路向富屯溪方向形成视觉景观通廊创造了条件。

基地的位置正是沿江景观慢行道的重要节点，博物馆屋顶则成为欣赏总体城市景观的城市阳台（图 6-6）。不论从沿江景观慢行道，还是从城市客厅，均可通过博物馆南端的平缓大台阶直接

到达城市阳台（图 6-7）；从城市阳台又可通过屋顶的缓坡道分别进入博物馆、城市规划展示馆内部。城市客厅和城市阳台与周边的道路之间是完全连通的，公众散步、休闲、观景、锻炼等诸多活动均可在其间随意进行（图 6-8），如同此地一直存在的山坡江岸一样。通过城市客厅和城市阳台向城市的敞开，博物馆为城市营造了一个开放、充满活力的公众共享平台。

大尺度的城市客厅、多层次的展厅、平缓的坡道与台阶、开放的城市阳台，实现了内外空间、参观流线、景观视线的全面通透，使公众充分畅达。

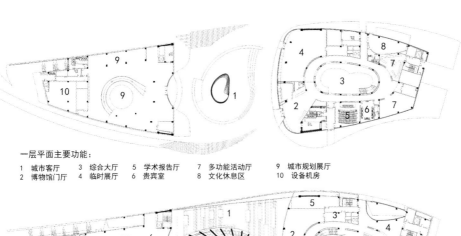

一层平面主要功能：
1 城市客厅　　3 综合大厅　　5 学术报告厅　　7 多功能活动厅　　9 城市规划展厅
2 博物馆门厅　4 临时展厅　　6 贵宾室　　　8 文化休息区　　10 设备机房

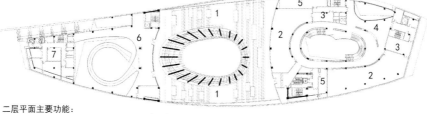

二层平面主要功能：
1 历史文化长廊　3 展厅库房　　5 设备机房　　7 配套办公
2 固定展厅　　　4 休息区　　　6 二层展廊

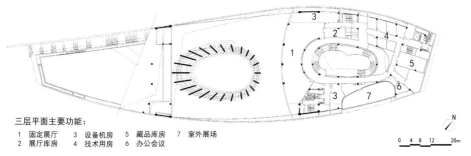

三层平面主要功能：
1 固定展厅　　3 设备机房　　5 藏品库房　　7 室外展场
2 展厅库房　　4 技术用房　　6 办公会议

图 6-9 顺昌博物馆平面图

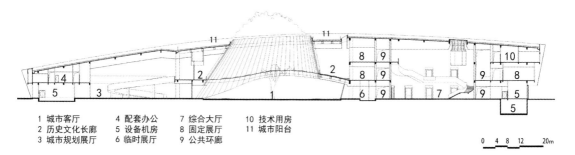

1 城市客厅　　　4 配套办公　　7 综合大厅　　10 技术用房
2 历史文化长廊　5 设备机房　　8 固定展厅　　11 城市阳台
3 城市规划展厅　6 临时展厅　　9 公共环廊

图 6-10 顺昌博物馆剖面图

图 6-11 顺昌博物馆综合大厅内景（赵强 摄）　　　　　　图 6-12 从大台阶看顺昌老城与富屯溪（赵强 摄）

6.1.2 交互感：界面亲和

人们通过有形的内外建筑界面来识别无形的空间。从总体关系上来看，顺昌博物馆不规则的空间界面和拙朴的姿态对周边环境具有较好的容纳度，外实内虚的形态与穿梭其间的观众共同构成了生动的城市场景，产生了强烈的空间张力，从而形成沿江一道独特的人文景观。就内部的功能组织而言，主要是博物馆和城市规划展示馆两大区域，其他功能区则穿插其间。

博物馆区域的门厅高12 m，是博物馆展示空间的起点；综合大厅层高18 m，与门厅组合成渐进的空间序列关系；大厅北侧设置纪念品商店及咖啡吧，并能沿江对外开放；大厅南侧设置临时展厅；二层、三层均包含固定专题展厅、临时展厅和专题展厅。城市规划展示馆区域的主体空间层高12 m，一层为顺昌城市沙盘，

在四周环以参观坡道，并逐渐延伸至二层；通高的展示空间结合坡道形成渐进式的界面延续（图6-9、图6-10）。

顺昌博物馆通过朴实有力、自由舒展的形体包容着内部玲珑剔透的空间，形成了丰富的光环境。城市客厅为明亮的自然光环境空间，各处展厅为人工的光环境空间，因形体变换而产生的多层次空间则营造出渐变的光环境，在视觉以及心理上让公众感受博物馆内外界面的亲和宜人（图6-11）。

开放的共享空间是最富活力的区域，是充满戏剧性与趣味性的空间，是人们放松心情、交流思想的理想场所。设计的任务就是用充满想象力的手法来为多元的活动提供可能性，如同建筑本身就是当地江景、山景的一部分，这样才能被更多的公众所接受并引起共鸣（图6-12）。

图 6-13 顺昌博物馆东南侧鸟瞰（赵强 摄）　　　　　　　　图 6-14 顺昌博物馆西南侧鸟瞰（赵强 摄）

6.1.3 地方味：情境认同

　　建筑感染力不仅在于拥有可理解的建筑原创信息量，还表现在信息的分布层次上[1]。顺昌博物馆的丰富信息在不同的尺度层面上形成丰富的形质感受，能够让人们产生具有层次性和逻辑性的情境建构。

　　设计力求营造一个具有公共性与参与性的适宜人们进行交流学习的情境，博物馆与塔山、富屯溪相对接，其参观流线与塔山路步行道、沿富屯溪慢行景观道形成了密切的衔接关系，充分展现了顺昌城市山水间的闲适和多层次的环境享受。

　　博物馆通过城市客厅到城市阳台的空间变换，似乎是从岸边到了船只的甲板上，无论是"谁家今夜扁舟子"，还是"天际识归舟"，似曾相识又充满新奇，触发了公众的情境认同。从对岸的老城区眺望，风雨阴晴亦或皓月当空，继往开来的博物馆犹如一艘蓄势待发的航船，寓意着古城顺昌即将扬帆，开启新的航程（图 6-13、图 6-14）。

　　各层级的展示空间又将古老的意象与现实的城市发展联通起来，让公众乐于参与其中，从而演绎出新的城市故事。伴随着公众对于博物馆的感知、体验、理解、对话以及联想的整个认知过程，会不断调动起自身已有的经验、背景知识等来进行心理对接，并形成想象与创造相叠加的环境心理补白。

　　设计所努力的，就是让在博物馆内外活动的人们可以看得见山、望得见水、记得住乡愁（图 6-15）。

1 石孟良，彭建国，汤放华. 秩序的审美价值与当代建筑的美学追求[J]. 建筑学报，2010（4）：16-19.

图 6-15 从老城区看顺昌博物馆与山水相依（赵强 摄）

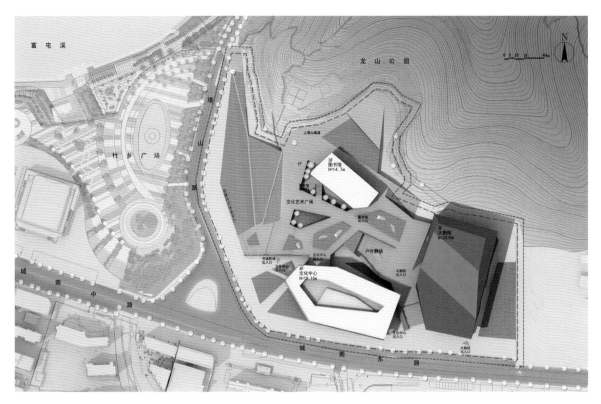

图6-16 顺昌文化艺术中心总平面图

6.2 形势与聚合

顺昌文化艺术中心的用地东北侧为龙山公园，西隔塔山路与竹乡广场和富屯溪相对，南临城南路。总用地面积58568㎡，总建筑面积34000㎡，主要包括大剧院、文化馆、图书馆、工人文化宫、青少年活动中心、影城、书城、商业、车库及附属用房等内容（图6-16）。

社会在不断进步，建筑由传统向现代的过渡不可避免，但重要的是过渡方式[1]。设计依托顺昌城市原有的山水形势，引入了山、水、石的设计意象，大剧院、文化中心、图书馆如同三块文

化巨石置于山脚水边。设计以山石组合为意向进行聚合，同时也隐含了顺昌自然名胜中"宝山""合掌岩"等"山水意"。

人们在连续行进的过程中，从建筑聚落的一个空间走到另一个空间，才能逐一地看到其各个部分，从而形成整体印象。这个整体印象往往并非某个局部空间片段，而是综合了空间与时间的整体氛围对欣赏者的感染效果，也就是设计通过建筑聚落空间形质平衡所努力追求和表达的空间意蕴。

6.2.1 就形势：内与外的适用平衡

基地由南往向北有10m左右的高差，北侧因山形地势呈不规则锯齿状，用地限制条件较多。西侧塔山路为步行道路，仅有南

1 章嘉琛，李宁，吴震陵. 城市脉络与建筑应对——福建顺昌文化艺术中心设计回顾[J]. 华中建筑，2019(12)：51-54.

图 6-17 顺昌文化艺术中心总体鸟瞰图　　　　　　　　　　图 6-18 顺昌文化艺术中心南侧透视图

侧城南路具备机动车开口的要求。"就形势"就是在现状条件的基础上,平衡好基地"内与外"的适用与衔接关系。

该地块由于其在旧城和新城之间的独特位置,汇聚了各个方向的人流。设计充分考虑现有城市空间特性与地形高差,将工人文化宫、青少年活动中心、影城、书城、商业和车库等内容整合为文化艺术广场,其顶部形成大斜坡,成为城市开放空间。这样就有效地利用了地形高差,衔接了周边的山形地势。

大斜坡之上,体量较大的大剧院和文化中心置于地块的东侧和南侧,而体量较小且相对开放的图书馆置于北侧。三者和城市客厅组成的活动场所,将建筑聚落与市民的活动整合在一起的同时,也为城市提供了新的景观资源,承景亦成景(图6-17)。

在柔软的大草坪上,远处的夕阳缓缓落下,金色的阳光撒在波光粼粼的富屯溪上,近处竹乡广场的喷泉随着音乐舞动,这一切都是人们可以在这里见到的。因此将大斜坡的一端升起,坡面

朝西,最大限度地为场地内的人们提供观景面积和角度。在布局中充分考虑建筑对区域环境及人流的影响,通过空间过渡与流线组织,应对城市的空间环境脉络(图6-18)。

设计将与外部连接紧密的大剧院和文化中心靠近城南路放置。同时考虑到大剧院的瞬间人流及后勤流线,因此将大剧院沿着东侧布置,并为其设置一条单独的内部车行道。通过总体布局和流线组织,处理好内部各个功能区块的流线关系。

6.2.2 聚人气：雅与俗的审美平衡

结合各单体的实际功能,建筑聚落聚合成以实体为主的大剧院、虚实结合半透的文化中心和晶莹剔透的图书馆。建筑聚落实体之间的相互组合形成了多样的庭院空间,内向庭院的特性是内聚与收敛,而外向庭院是扩散与开敞,在开敞与封闭、虚与实的对比中呈现一种耐人寻味的生动(图6-19、图6-20)。

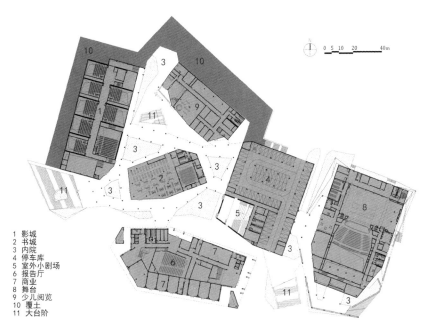

1 影城
2 书城
3 内院
4 停车库
5 室外小剧场
6 报告厅
7 商业
8 舞台
9 少儿阅览
10 覆土
11 大台阶

图 6-19 顺昌文化艺术中心一层平面图

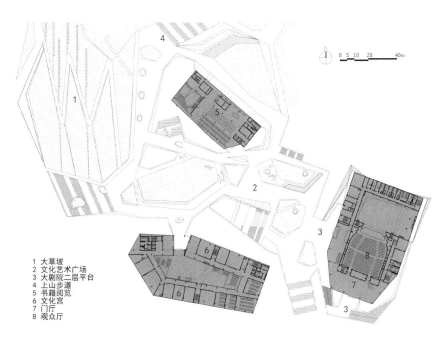

1 大草坡
2 文化艺术广场
3 大剧院二层平台
4 上山步道
5 书籍阅览
6 文化宫
7 门厅
8 观众厅

图 6-20 顺昌文化艺术中心二层平面图

拓扑聚合：谁家扁舟

图 6-21 顺昌文化艺术中心夜景透视图

图 6-22 从顺昌文化艺术中心西望富屯溪透视图

图 6-23 顺昌文化艺术中心的大剧院一角（章嘉琛 摄）

在聚落空间审美上，既强调"山水意"之雅致，又照顾"市井味"之通俗，形成了雅俗共赏的效果。对于这组聚落，造型固然重要，更为重要的是建成后能提供怎样的室内外空间。文化艺术中心里，有影城、室外剧场的热闹，也有艺术展厅的超然；有跳舞大妈、轮滑少年的动感，也有图书馆、书城的安静，这正是设计想要实现的一种"市井味"(图 6-21)，为市民提供了一个观赏、休闲、娱乐的活动场所，营造一个多元化的城市客厅。

设计沿城南路设置部分商业内容，并设置了步行内街，这使得整个文化艺术中心在大剧院、图书馆等主要场馆闭馆后仍然不失其活力，从而真正成为城市生活的一部分。

同时商业、影城、书城带来的大量人流，也让文化艺术场所可以被更多的市民近距离接触到，在一定程度上也反哺了文化艺术（图 6-22、图 6-23）。其实，这里更是当地市民生活的一个中心，"聚人气"强调的正是这一点。

顺昌文化艺术中心

（上）图 6-24 顺昌文化艺术中心西立面图　　　　（下）图 6-25 文化艺术广场透视图

6.2.3 承文化：艺与技的经济平衡

除了大剧院、文化馆、图书馆三个相对独立的单体，设计将文化艺术中心中的商业、娱乐、休闲空间以及辅助用房等功能空间整合为一个文化艺术广场。在这个广场的意象构建中，设计借用了中国古代文房器具"都承盘"的概念，以这个文化艺术广场之"盘"，来"承纳"诸多文化功能空间。

设计还是根据特定的现实条件来统筹，在艺术效果与营造手法上进行平衡，希望通过适宜的手段去尽可能实现最佳的空间景观效果（图 6-24、图 6-25）。城市的山水脉络在这组建筑聚落中得到延续，而这组建筑聚落的空间则成为了城市大聚落新孵育的细胞。

文化艺术中心契合于城市聚落之中，将成为一个市民愿意在滨河漫步或龙山健走后品一杯茶、读一册书、看一场剧、跳一支舞的驻足停留之地，是有目的前来或者不经意路过皆宜的一个城市节点，是诸多城市生活体验和交流发生的场所，体现出亲切怡人、多元包容的特质。

6.3 受众的理解

建筑体现着人的活动与特定基地环境的一种生态关联，作为一种文化载体，或许能成为联系过去和现代的一个场景构件，从而对城市的历史背景起着支持和暗示作用。城市的凝聚力、发展潜力取决于公众对城市的认同度，这与其文化和发展状态密切相关。历史形态的现代转型，是城市文化复兴的潜能所在[1]。

设计立足于当地综合环境脉络之中，使建筑聚落所蕴含的信息兼具原创性与可读性，期望可以激发公众的激情和创造力，从而上演更加生动的城市生活场景。建筑聚落的感染力在于向公众传递富有吸引力的环境信息，而具有吸引力的环境信息取决于建筑创新的适度性，即原创性与可读性的平衡。

在顺昌博物馆的设计中，通过空间畅达、界面亲和、情境认同等设计策略来营造既有深厚历史文化底蕴、又有现代功能的城市客厅与城市阳台，通过其空间与界面组合来承续城市脉络，期待能够对人们起到潜移默化的熏陶。

从城市这个大聚落的角度来探索适合当地的建筑形式与城市更新的方式，传达与地方文化的沟通，这是一个保护与发展相互冲突融合的过程[2]。"就形势、聚人气、承文化"的设计策略力求使顺昌文化艺术中心是一座雅俗共赏、包容开放的新聚落，是对顺昌城市大脉络的一种应对与传承，也将成为顺昌城市脉络中的重要节点。

城市脉络不仅是沿袭物，更是新行为的出发点。通过发掘城市脉络中具有恒久生命力的因素，分析其中蕴涵的表象与机理并使之融入人们的现代生活，正是探索适宜现代人居环境发展模式的有效途径。

---

[1] 沈清基，徐溯源. 城市多样性与紧凑性：状态表征及关系辨析[J]. 城市规划，2009(10)：25-34+59.

[2] 胡慧峰，李宁，方华. 顺应基地环境脉络的建筑意象建构——浙江安吉县博物馆设计[J]. 建筑师，2010(5)：103-105.

第 七 章
情境筹策：乡野筑梦

图 7-1 我们都是追梦人（赵强 摄）

校园聚落营造的过程如同谱写一曲悠扬的田园牧歌。白天因师生的活动而生机勃勃，而每当夜色来临，窗户透出温馨的灯光，与湿地、乡野上的星空共同构成一幅可供少年入梦的画面。

图 7-2 宁波杭州湾滨海小学总平面图

图 7-3 宁波杭州湾滨海小学底层院落空间（赵强 摄）

7.1 场地运筹

宁波杭州湾新区位于浙江宁波慈溪市域北部，随着杭州湾跨海大桥的立项建设而兴。新区北与嘉兴隔海相望，位居上海、杭州和宁波三大都市几何中心，是一片"因桥而谋、与桥同兴"的发展大平台，定位为"宁波北新城、生态杭州湾"，大量湿地农田被保留下来，水系发达，生态环境很好。

宁波杭州湾滨海小学位于新区北侧沿海地块，基地南临滨海七路，北、东、西三面为规划道路，总用地面积 55956㎡，总建筑面积43581㎡（图 7-1~图 7-4），可容纳 60 个班、2700 名学生就读。

如今人们越来越清楚地认识到校园聚落营造应充分重视师生们的经验审美标准、行为心理要求和潜在功能要求，不能局限于孤立地处理建筑物本身，而是处理与之有关的总体聚落空间环境，教师、伙伴和环境共同构成了学生们的教育者。

基于人本为先的设计立足点，从本质上说就是一种以人或以利益相关者为中心的方法，这种方法在促成对学习空间设计朝积极方向转变中起到积极的作用[1]。

师生对校园聚落空间的感受如何、对其做出怎样的反应、怎样与周边环境互动，都已经与界定特定的空间或者通过标准化测试来衡量学习目标变得同等重要。

---

[1] 吴震陵，许逸敏，杨鹏. 人本为先的设计实践——以杭州湾滨海小学为例[J]. 建筑与文化，2020(5)：191-193.

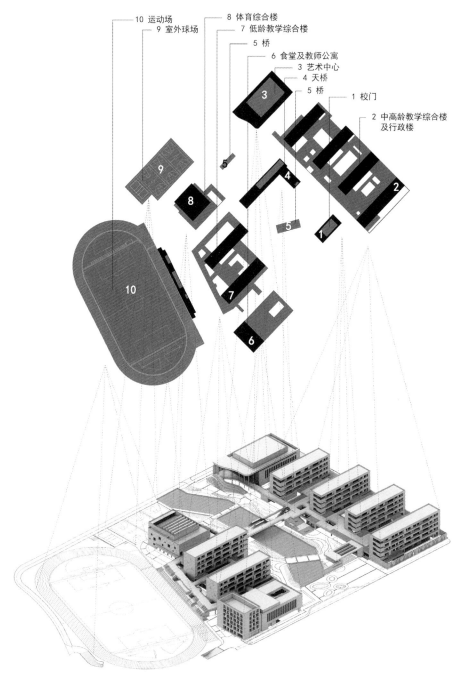

图 7-4 宁波杭州湾滨海小学功能分析图

图 7-5 宁波杭州湾滨海小学弯弯的河道（赵强 摄）

7.1.1 纳水构湾

校园基地被现存河道一分为二，设计充分尊重杭州湾新区理水成网的规划理念，保留用地内部河道，并将规划河道和两侧公共绿带打造成校园极具特色的中心花园，让儿童感受自然，进而融入自然。同时，对原本笔直的河道进行了适度调整，使其呈现蜿蜒的形态，留出了可供师生凭栏驻足的港湾（图 7-5）。围绕河道设置标高变化丰富的环形慢跑道，成为小学生们乐于探索的大自然观察路径。

6 岁至 12 岁的儿童是小学校园的使用主体，这个时期他们正处于"快乐童年"的学习阶段。此时期他们的生理、心理及行为发展均有许多的变化，尤其"行为发展"对未来的青春期及成年期的人格成长和社会适应有直接的影响。

儿童的"行为发展"涵盖了其认知、语言、情绪、兴趣、游戏、群性、人格、道德等诸项。当下电子产品环境下成长的一代人普遍在生活中缺少与自然的接触，有研究表明，当今社会日益增长的儿童肥胖率、少儿多动症、忧郁症及其他心理疾病与儿童同自然接触时间短密切相关。

儿童快乐的时间一定是在课间或放学后，自然是儿童获得感知和经验的重要方面。校园聚落和自然相互渗透，将植物、自然的风和阳光引入到建筑中来，让儿童们对环境和世界获得认知和体验。校园聚落应作为一种"环境共同体"，通过光影摇曳，风雨变幻让儿童们感知四季更替。

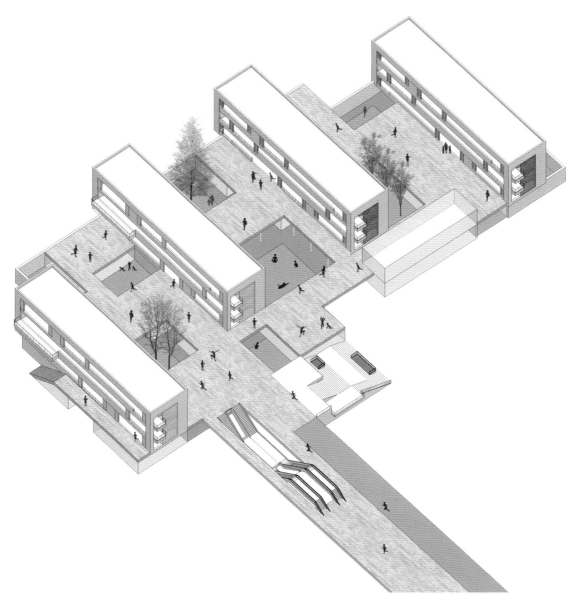

图 7-6 宁波杭州湾滨海小学院落与平台的联动分析图

图 7-7 宁波杭州湾滨海小学二层平台与院落组合（赵强 摄）

7.1.2 湿地筑院

江南院落讲究围虚纳空，围合与遮蔽是形成聚落空间的必要条件，而这一空间特性对儿童而言无疑创造了多种多样，充满乐趣的小天地（图7-6）。校园聚落从儿童的天性出发，将各类功能设置在整个基地的一层，各类尺度不一的院落及草坪、竹林散落其间。教室窗外的竖向格栅是对湿地芦苇这一原初基地元素的抽象和提炼，跳动的白色犹如芦苇荡飘散的花絮，让每个小学生在学习特色课程之余，充分体验这小河弯弯、庭院深深的氛围。

有南向日照要求的普通教室按年级分栋，叠置于专业教室之上。虚体的院落和放大的公共区域共同塑造空间的趣味感，儿童们的活动场所由此放大了一倍。每个独立的院落都内外连通，上下可见，是无穷变化的"阈"空间。这里有直达，有婉转，有折返，有叠跨，有穿行，充满乐趣和探险。校园由二层平台连为一体，平台拉近了河道两岸功能间的空间距离，为校园聚落提供完整、宜人的风雨通廊。平台之下，曲径通幽；平台之上，肆意奔跑。儿童们不只是在这里学习，而是享受生活，读书、讨论、藏匿、玩耍，通过自己的体验找到人生方向。校园聚落也由此成为植根地域、承载生活的人性化场所（图7-7）。

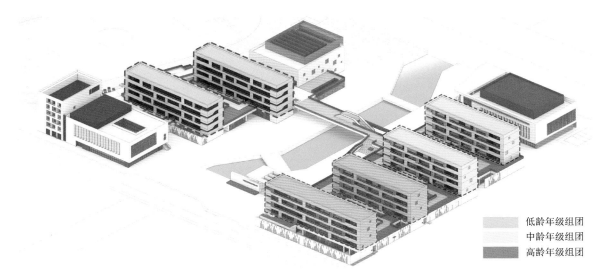

低龄年级组团
中龄年级组团
高龄年级组团

图 7-8 宁波杭州湾滨海小学年龄组团分析图

图 7-9 宁波杭州湾滨海小学组团院落组合 (赵强 摄)

7.1.3 尺度体验

　　小学是儿童认知变化最快的阶段，校园聚落从学生的活动半径、儿童心理等方面着眼，将六个年级分为三个年龄组团，让年龄相仿的两个年级共有共同玩耍的小天地，此构成了低龄、中龄和高龄三组教学建筑 (图 7-8)。同时，各组团外部空间从儿童独特的行为特点出发，组织空间的类型，控制空间的尺度。低龄组团注重幼儿的体验感受，院落更微小和多样，并设置相对集中引导

空间，与各服务功能联系更紧密，使用也更为方便。中高龄组团的院落布置更注重逻辑与理性，连接路径更为高效，便于儿童们的互动和交流 (图 7-9)。

　　开放的交往空间、半开放的观察空间、安全的隐蔽空间等多样化的空间类型提供了交往的多样性，交往空间亦是小学生的学习空间。校园聚落力求回归教育本真，构建多功能的非正式学习空间，场地中时时可学习，处处是课堂 (图 7-10~图 7-12)。

图 7-10 宁波杭州湾滨海小学艺术中心入口坡道（赵强 摄）　　　　图 7-11 宁波杭州湾滨海小学体育馆室内（赵强 摄）

图 7-12 宁波杭州湾滨海小学运动场（赵强 摄）

图 7-13 宁海技工学校西北侧整体场景（章勇 摄）

7.2 超越限定

　　随着社会需求不断发展带来的教育快速变革，倒逼着校园建筑设计必须做出新的应对。宁海技工学校就是在这样的建设背景下，体现建筑师设计态度与社会责任的一次营造实践。

　　宁海技工学校为异地迁建项目，位于宁海县越溪乡，总用地面积 100372㎡，办学规模 60 个班级，学生约 3000 人，总建筑面积 57600㎡。该地块西侧临着乡村道路，北侧为一望无垠的田野，东侧、南侧与山体相望。山峦相连，延绵起伏，山脚下尚存少量原生态民居，现状宛如一幅动人心弦的山水画卷[1]。校园的

选址，决定了宁海技工学校必然要利用周边的自然环境，以近乎超然的自然景致和合适的现代建筑建构，使这个校园充满田园生活的意趣。校园聚落以一个贯穿南北的连廊串联着两侧的系列空间展开，学校性格彰显强烈的地方特征。落成后的宁海技工学校以硬朗整体的形象、粗犷的乡野气息、张弛有度的空间格局与周围乡野呼应（图 7-13～图 7-15）。

　　校园聚落整体布局采用相对集中、有机分散的手法，借鉴传统院落的围合肌理，体现了简明构图与环境相谐的原则。校园聚落空间形态倾向于总体上的秩序感，在内部点缀稍许变化的活跃元素，做到虚实相生、疏密有致。在这里，学习可以是无处不在的，交流可能随时发生，可充分激发学生的学习积极性。

---

[1] 吴震陵，陈冰，王英妮. 生发于乡野之间——宁海技工学校营造回顾[J]. 华中建筑，2017(6)：78-83.

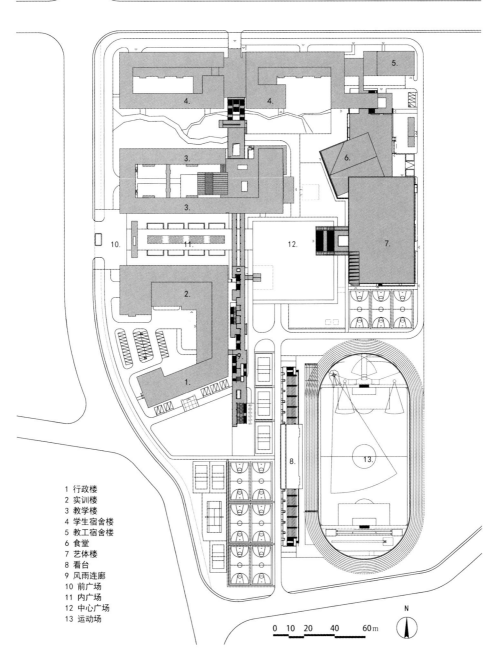

1 行政楼
2 实训楼
3 教学楼
4 学生宿舍楼
5 教工宿舍楼
6 食堂
7 艺体楼
8 看台
9 风雨连廊
10 前广场
11 内广场
12 中心广场
13 运动场

0 10 20   40   60m

N

图 7-14 宁海技工学校总平面图

图 7-15 宁海技工学校总体鸟瞰（章勇 摄）

情境筹策：乡野筑梦

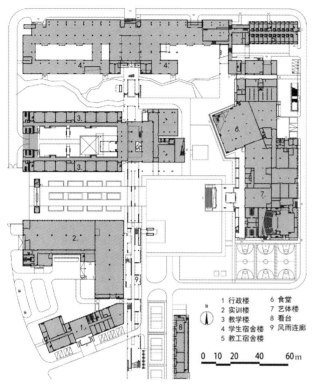

图 7-16 宁海技工学校主要建筑一层平面图

图 7-17 宁海技工学校钟塔水景（章勇 摄）

7.2.1 基于建构逻辑的超越

　　近年来，基于常规建构逻辑的校园布局已无法满足日益更新的教育需求。宁海技工学校在不颠覆一所技校自身内在的基本建构逻辑前提下，充分考虑校园聚落作为一个微缩社会所存在的个性化、多样化、全面性的需求。

　　最终的校园聚落形态存在于特定限制条件，尤其是基地环境因素所构成的环境脉络中，基地综合信息决定了校园聚落最初始的设计切入点。尊重教育发展需求，淡化功能区块的界限，研究各功能和空间基本模块的关系，合理重组教学空间结构，从而带来别致的校园空间体验（图 7-16、图 7-17）。设计充分考虑技校

学生的特点，整合校园聚落内主要人行流线，构建以连廊和二层平台为枝干的体系，将教学楼、实训楼、食堂、艺体楼、宿舍楼都串联起来。

　　校园聚落中营造庭院、平台、连廊、坡道、台阶等序列层级空间，利用串联、层叠、穿套等不同体验的手段，塑造丰富多变的师生学习与生活环境。漫步于校园之中，能感受到生机勃勃的大自然，感受四季的变化。聚落各单体自身远近高低各不同，各层级聚落空间深远变幻，处处皆为绝佳的观景场所，远山白云尽收眼底，仿佛触手可及，体现出空旷乡野背景中人与建筑、人与自然的和谐交融（图 7-18）。

图 7-18 宁海技工学校西侧整体场景（章勇 摄）

图 7-19 宁海技工学校连廊南端场景（章勇 摄）

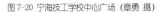

图 7-20 宁海技工学校中心广场（章勇 摄）

图 7-21 宁海技工学校主教学楼夜景（章勇 摄）

7.2.2 针对业主要求的超越

校园建设大多有着很强的时间节点要求，为了确保第二年秋季开学的目标以及紧张的资金，业主方对项目的要求还停留在确保时间、其他可以让步的范畴。为赶工期，施工单位初衷总是想尽快而方便地完成建造，这与设计对校园聚落空间形质完成度的要求之间存在着不小的矛盾。

受限于造价，校园聚落单体的体型均为方形母题，避免复杂造型带来的更多投资负担。利用仿石材面砖和浅黄色面砖外墙结合，铺就整个校园质朴背景，也是对相对低的造价的回应。所有基座的外墙材料原设计考虑与宁海当地民居石砌外墙接近的小块石贴面，实施中由于造价原因调整为尽量相似的仿石面砖。面对造价与设计构想冲突的时候，设计能做的是力求达到调整后再次营造空间形质平衡。

校园聚落底层以墩实厚重基座形式出现，不同功能的上部建筑形体并置于平台之上，或对峙，或顺延，从而形成校园聚落的整体张力（图 7-19～图 7-21）。

无论是对业主提出的基本建筑功能梳理后的再组织，还是在建造过程中对细节的关注，抑或为了达到尽可能的完善而对原初设计的再深化，都给项目的进展带来新问题。但只有处理好这些矛盾，注重校园聚落作为师生教学与生活空间的本质，赋予校园聚落空间新的内涵，最终才能将远远超乎业主要求的校园聚落空间样态呈现于开学之际。

图 7-22 宁海技工学校主教学楼入口（章勇 摄）　　　　　图 7-23 宁海技工学校宿舍区（章勇 摄）

7.2.3 寻求内涵精神的超越

作为一所异地新建的学校，宁海技工学校的建造并非只是在简单满足整体功能的需求、满足造价适度合理的需求；以切削手法演绎生成的聚落形象，是对环绕基地四周山峦与乡野的呼应。

有限的投资、偏远的地理位置，都决定了宁海技工学校不可能采用高大上的营造手段。设计尊重现实情况，借鉴以往建设经验，选择易于建造的技术节点，注重经济上的切实可行，通过清晰理性的设计概念，以低技术手段营造高品质的空间，在投资控制、施工水准和设计理念之间寻求平衡。以谦逊的态度，用普通的材料、亲和的色彩、朴实的景观，打造一处充满郁郁生机的校园（图 7-22、图 7-23）。

宁海技工学校的设计还是立足于一个清晰的脉络主线，并运用到校园聚落建造实践过程中。通过基座与连廊搭建校园的基本形式秩序，虽然因回应不同的单体功能会呈现不同的立面形式，但仍然以统一的聚落形质语汇贯穿校园。一个建筑聚落空间最直

接的体验取决于材料和细部的触觉感受，采用简单的外墙材料，所有单体立面上通过窗的细部构造来体现墙体的厚实，建筑造型强调形体边界的切削轮廓等方式，共同建立起一种属于宁海技工学校的自身特质。

设计在尊重人的理性思考、尊重学生个性、关心师生心理需求的基础之上，塑造空间流转之美、交叠错综之美、神韵贯通之美。设计以聚落空间形质语汇寻求与师生之间的交流互动，努力让校园聚落空间触及情感，并能引起最终的审美共鸣。

虽受限于工期和造价，经设计团队与建设方、施工单位的共同努力，力求给学生的成长提供可留下记忆的情境，校园聚落营造的过程如同谱写一曲悠扬的田园牧歌。项目如期投入使用，并取得良好的社会效应，开学后的宁海技工学校绝非一片简单的水泥丛林。白天因师生的活动而生机勃勃，而每当夜色来临，窗户透出温馨的灯光，与广袤乡野之上的星空共同构成一幅可供少年入梦的画面（图 7-24）。

图 7-24 宁海技工学校北侧夜景（章勇 摄）

情境筹策：乡野筑梦

7.3 情境编织

环境行为学是研究人与周围各种尺度的物质环境之间相互关系的科学，它着眼于物质环境系统与人的系统之间的相互依存关系，同时对环境的因素和人的因素两方面研究，已逐渐应用到建筑学、城市规划学等相关学科的研究和实践中。

环境行为学的研究有很多分支，其中的相互渗透论认为人们对环境的影响程度不仅仅限于对环境的修正，还有可能完全改变环境的性质和意义；人们通过修正和调整物质环境，改变与自己交往的人们；通过重新解释场所的目标和意义的方法，来不断地影响并改变周边的物质环境[1]。

目前相互渗透论逐渐被更多的人理解和支持，其核心研究对象为：使用主体、场所空间和社会行为现象；校园聚落设计同样能以这三个不同维度作为主要切入点。校园中看似无用的空间总是被机灵的孩子们重新进行定义，楼梯、连廊、花坛、竹林常常成为颇受欢迎的非正式学习场所[2]。

人的行为包含着一系列连续状态，也就是步骤，每一个前面的状态引起一个后继的、要求做出决定的状态，这个状态又产生要求，再次做出决定的另一种状态。观看各种人群的活动并倾听他们的交流对正在发育的学生们来说是一种积极的体验，随意地观察别人的活动情况，而且自己不会被注意到，然后在适当的时候加入群体。

同样，学生们也需要能独处、安静、休息、观察和反省的空间，单一的交往空间无法满足其多元的行为过程的需求，所以应注意空间的层次性和多样性，除了考虑的交往活动空间外，还须注意设置相应的观察空间和退避空间。成功的校园聚落空间设计离不开对基地脉络的尊重和对师生生活的理解与包容。

---

[1] 李斌. 环境行为学的环境行为理论及其拓展[J]. 建筑学报，2008(2)：30-33.
[2] 朱睿，吴震陵，徐荪. 湿地筑院——宁波杭州湾新区滨海小学[J]. 世界建筑，2022(8)：104-107.

第　八　章

环境应力：有凤来仪

图 8-1 人有德行，如水至清

　　当建筑聚落空间单独存在、不与人的行为发生关系时，它只是一种行为的诱因、信息的刺激要素和事件的一种媒介；只有促成人的活动和建筑空间的融合，才能使静态的空间成为动态的场所。

1、联合国世界地理信息大会永久会址（国际会议中心）　3、联合国地理信息展览馆　　　　　　　5、德清地理信息小镇运动中心（亚运三人篮球馆）　7、地理小镇地理信息孵化园
2、德清大剧院　　　　　　　　　　　　　　4、德清地理信息小镇国际会展中心（二期）工程　6、德清银泰城　　　　　　　　　　　　8、地理小镇地理信息科技园

图 8-2 浙江省德清县凤栖湖周边建筑聚落区位分析图

8.1 击云破晓，凤舞九天

随着人工智能、智慧城市、卫星导航、产业区块链、虚拟现实等科技的迅猛发展，地理信息技术在人类的生存环境中以无处不在的方式进行着日新月异的跃变。联合国统计司于 2011 年成立了全球地理信息管理专家委员会，进而建立了世界测绘地理信息领域最高层次的政府间协商机制，为各国提供地理信息领域交流合作高层平台，促进全球地理信息管理的协调发展。

中国测绘地理信息事业近年的发展态势受到全球业界的普遍关注。在此背景下，2017 年 6 月联合国正式邀请中国政府承办首届联合国世界地理信息大会，2017 年 8 月国务院批准在我国举办首届联合国世界地理信息大会。首届联合国世界地理信息大会由联合国主办，中国国家测绘地理信息局和浙江省人民政府共同承办，会址最终落实在"人有德行，如水至清"的浙江德清县。

联合国世界地理信息大会永久会址总用地面积29105㎡，总建筑面积35447㎡，位于德清科技新城的凤栖湖中心，曲园路穿基地而过，划分出东、西两个区块，东区为国际会议中心、西区为大剧院（图 8-1～图 8-3）。

该项目是浙江展示创新发展、开放发展、展示"两山"重要思想指引下的高质量绿色发展的重要机遇[1]，德清也通过盛会来推动筑巢引凤的力度，进一步营造与世界沟通的窗口与平台。

---

[1] 王金南，苏洁琼，万军．"绿水青山就是金山银山"的理论内涵及其实现机制创新[J]．环境保护，2017(11)：12-17．

图 8-3 联合国世界地理信息大会永久会址与展览馆东侧沿湖远观（赵强 摄）

环境应力：有凤来仪

图 8-4 联合国世界地理信息大会永久会址东侧夜景（谢尚国 摄）

8.1.1 应力雕琢

会址基地形状近似椭圆形，过于棱角分明的几何体都会与基地形态产生冲突，所以设计选用椭球体型态与基地相匹配，同时也与凤栖湖周边建筑聚落通过形体对比所构成的空间张力来形成区域的视觉中心。椭球体的顶面和立面融合在一起，传统概念上的屋顶和墙面概念已被弱化，使得整个空间形质具有很好的整体性和延展性，在空间界面感受上就能体察出凤栖湖整体环境应力的雕琢之功（图 8-4~图 8-6）。

椭球体的东半球体块中包含 1200 人多功能会场、600 人多功能厅、500 人小剧场、若干小会议厅，与西侧半球中的大剧院之间通过半室外连廊灰空间相连接。基地内实行人车分流，设计将贯穿基地的曲园路车流下穿，车行流线在进入基地前驶入地下隧道，前往会址的车流可在地下隧道直接进入两侧的地下车库。曲园路在地面以上就是步行道，其上有连通东西两侧二层的连廊和顶部钢结构艺术飘顶，这里成为人们交流集会的最佳场所，建筑人行入口也顺其自然地组织于此。绕凤栖湖则设置景观绿环，营造丰富的景观层次。在内外界面所界定的空间关联中，设计所着眼的除了自身的价值评判之外，还延伸到更为深远的莫干山水时空视阈之中，使建筑聚落成为构成整个环境共同体不可或缺的部件，进而使环境因为有益的建筑活动而进入一种新平衡。

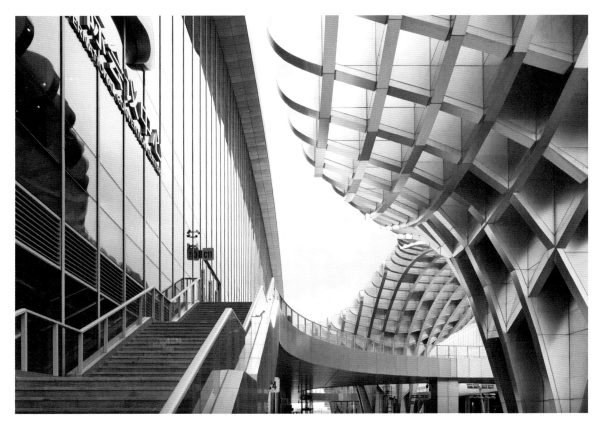

图 8-5 联合国世界地理信息大会永久会址连廊与艺术飘顶（赵强 摄）

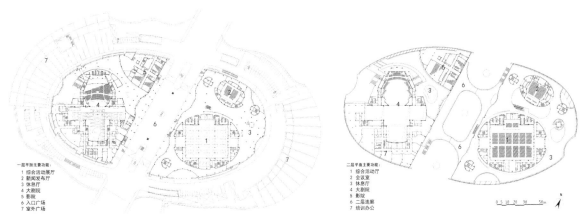

一层平面主要功能：
1 综合活动展厅
2 新闻发布厅
3 休息厅
4 大剧院
5 影院
6 入口广场
7 室外广场

二层平面主要功能：
1 综合活动厅
2 会议室
3 休息厅
4 大剧院
5 影院
6 二层连廊
7 培训办公

图 8-6 联合国世界地理信息大会永久会址平面图

环境应力：有凤来仪

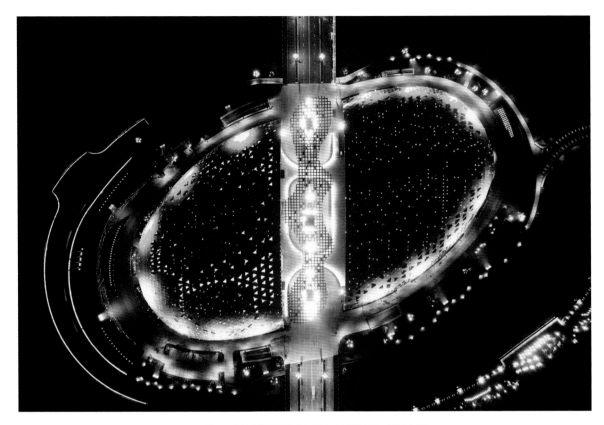

图 8-7 联合国世界地理信息大会永久会址顶部俯瞰（谢尚国 摄）

8.1.2 技艺应对

外部界面采用双层肌理编织，以镂空的金属云彩花纹纵横交织，外层为穿孔金属铝板、内层为钢架金属防火板，同时结合六边形蜂窝状天窗设计，使得室内光影变化大气而精致，光线如同透过表皮渗透到室内而呈现半透明朦胧感（图 8-7、图 8-8）。

设计团队通过空间模型进行定位，把外壳的板材和开启玻璃分解成三角形进行拼接，以达到相对光滑圆润的流线效果，实现技与艺的合一，体现科技感和时代气息。椭球体外壳所包容的大空间中，大剧院、国际会议中心等实体顶部布置了无土栽培的绿植，当光影从屋顶天窗洒落，草木葳蕤的勃勃生机使人如穿行于莫干山的林木之中。室内同样植入很多德清元素，穹顶之下的抽

象装饰，如云的飘逸、鸟的灵动、竹的恬淡、莲的清幽；"莫干好，遍地是修篁"，徜徉其间，空间序列的演变中也多了些诗意与灵气。通过情与理的微妙平衡，构建科技与自然、人文之间的对话，绘写德清的城市发展中浓墨重彩的篇章（图 8-9）。

联合国世界地理信息大会永久会址与周边湖水浑然一体，犹如漂浮的祥云，朦胧透光，表达对未来的美好祝愿。两个通体银色的半椭球连同覆于中部上空的钢结构艺术飘顶，如恰似蓄势而起的飞凤；湖面上白鹭翩跹，岸边种梧桐树，有"有凤来仪、非梧不栖"的美好寓意。以"云"的飘逸与朦胧，衬托"凤"的轻盈和灵动，整个样态彰显飞凤击云而起那瞬间的动感，营造出整个凤栖湖区块的一种生机（图 8-10~图 8-12）。

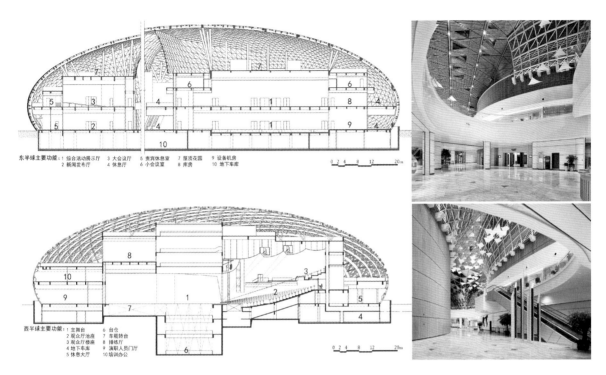

东半球主要功能：1 综合活动展示厅　3 大会议厅　5 贵宾休息室　7 屋顶花园　9 设备机房
　　　　　　　　2 新闻发布厅　4 休息厅　6 小会议室　8 库房　10 地下车库

西半球主要功能：1 主舞台　6 台仓
　　　　　　　　2 观众厅池座　7 车载转台
　　　　　　　　3 观众厅楼座　8 排练厅
　　　　　　　　4 地下车库　9 演职人员门厅
　　　　　　　　5 休息大厅　10 培训办公

图 8-8 联合国世界地理信息大会永久会址剖面图　　　　图 8-9 联合国世界地理信息大会永久会址入口大厅内景（赵强 摄）

图 8-10 联合国世界地理信息大会永久会址西南侧鸟瞰（谢尚国 摄）　　　图 8-11 联合国世界地理信息大会永久会址西北侧夜景鸟瞰（谢尚国 摄）

　　　　　　　　环境应力：有凤来仪

图 8-12 联合国世界地理信息大会永久会址东北侧夜景（谢尚国 摄）

环境应力：有凤来仪

图 8-13 晚霞中的联合国世界地理信息大会永久会址与展览馆（谢尚国 摄）　　图 8-14 联合国世界地理信息大会永久会址东南侧夜景（谢尚国 摄）

图 8-15 联合国世界地理信息大会永久会址屋顶网架下的休息厅（赵强 摄）　　图 8-16 联合国世界地理信息大会永久会址艺术飘顶（赵强 摄）

8.1.3 协同并力

针对椭球体结构承重如何实现，以及设备管道如何设置才能实现光滑流线型的球面效果等问题，整个设计进程就成了如何让技术协同更好地去成就建筑之美的历程。首先，国际会议中心公共大厅内部，目及之处看不到一棵支撑屋顶的柱子。结构设计为了提高整体的空间利用率并实现开阔通透的内部空间需求，两个半椭球屋面采用单层三向网格钢网壳结构，既减轻了屋顶自重并降低结构高度，又可以仅在视线看不到的中间会议厅的屋面处增

加必要竖向支撑，提高了单层网壳的刚度和承载能力，且优化了构件截面（图 8-13~图 8-15）。

在两个半球相对的垂直玻璃幕墙处，130m 的跨度仅用八棵斜支撑钢柱来支撑屋顶结构，既实现了通透的室内观感效果，又为整面玻璃幕墙的安装提供了合理的结构支撑。中部的艺术飘顶采用双向平面钢管桁架结构，通过三根巨型格构式树状柱提供支撑，间距分别为60m、40m，采用钢管桁架结构的格构式树状柱在竖向高度上设置三道水平支撑，造型轻盈（图 8-16）。

图 8-17 联合国世界地理信息大会永久会址大剧院内景（赵强 摄）　　图 8-18 联合国世界地理信息大会永久会址室内大台阶局部（赵强 摄）

其次，为了保证椭球体外壳的完整性，机电设计的所有管道出口打破常规方式，均通过夹层埋入地下，再经由周围景观绿化带中的室外管井排出。如何避免众多设备管线之间，以及设备管线与结构部件之间的交叉与碰头，是一个牵一发动全身的系统工程（图 8-17、图 8-18）。

首届联合国世界地理信息大会已于 2018 年 11 月 19~21 日成功举行，中央台《新闻联播》也进行了报道。当时土建已经完工，室内还只是东侧半球的国际会议中心投入试用，西侧的大剧院这两年又是几经波折，终于在 2022 年开始运行。目前正在为召开第二届联合国世界地理信息大会做准备。

从构思之初，设计团队更关心的就是凤栖湖畔的建筑聚落群在"联合国大会"这道高光之外如何进行日常运行。依据德清县政府的规划思路，平时使用就是一个面向市民、服务大众的城市文化交流平台。在国际会议中心区域除了常规的会议餐饮空间，屋顶空间可供市民组织一些群众性或者发布性的活动。大剧院区块的演艺大厅、配套影城以及艺术培训空间，都是老少皆宜的群众性活动场所。

这几年来络绎不绝的参观活动，以及陆续在此开展的城市活动及其带给市民的愉悦感，正是城市这个大聚落的节点景观之美在凤栖湖畔的最大体现。

图 8-19 联合国地理信息展览馆临湖场景（樊明明 摄）

8.2 开放包容，共享共生

联合国地理信息展览馆是联合国世界地理信息大会的配套场馆，主要用作世界测绘地理信息领域成果的展示与交流，位于凤栖湖西南侧，总用地面积 38642㎡，总建筑面积 57839㎡，包括展览、会议、宴会、办公、车库等功能区块（图 8-19、图 8-20）。

展览馆北侧直接贴临凤栖湖，景观资源极佳，设计沿着南北向轴线将建筑中部打开，构成主入口共享空间，从而引入城市环境景观来贯通展览馆南、北两面。同时通过轻盈的檐廊、简明通透的外墙等处理，实现与周边环境空间的渗透与衔接，使展览馆与整体环境相得益彰，从而融入该区域水文、植被等要素构成的综合环境脉络之中。设计通过开放包容的空间组合，力求与凤栖湖周边整体大聚落环境空间共享共生。

同时，建筑工业化是时代发展的要求，展览馆应当发挥其得天独厚的创作空间，结合超长、超大的功能要求，结合工业化设计的优势，创建新的体块组合，与凤栖湖环境脉络相融合，从而完成基地环境的整合和再创造[1]。

1　黄星元. 生产空间+艺术创作[J]. 工业建筑，2005(3)：11-13.

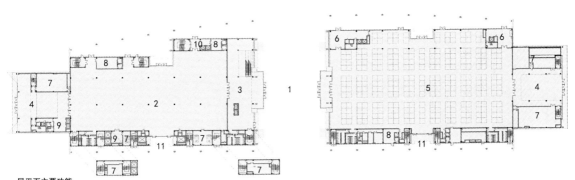

一层平面主要功能：
1 半室外展厅　2 展厅　3 会议门厅　4 展厅门厅　5 通高展厅　6 次入口门厅　7 设备用房　8 贵宾室　9 电梯厅　10 贵宾门厅　11 货物门厅

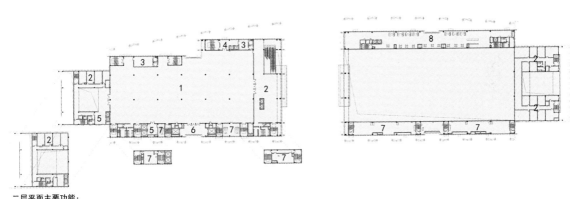

二层平面主要功能：
1 二层展厅　2 物业配套用房　3 贵宾室　4 贵宾门厅　5 电梯厅　6 货梯厅　7 设备用房　8 洽谈休息区

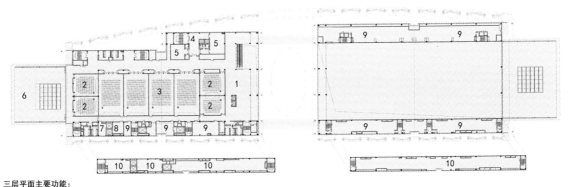

三层平面主要功能：
1 会议大厅　2 小会议室　3 大会议室　4 贵宾门厅　5 贵宾厅　6 屋顶花园　7 回收间　8 备餐间　9 设备用房　10 屋顶设备平台

0 5 10　20　30　　50m

N

图 8-20 联合国地理信息展览馆平面图

图 8-21 联合国地理信息展览馆主入口从南向北直通凤栖湖（赵强 摄）

8.2.1 隐与显的平衡

与联合国世界地理信息大会永久会址相比，展览馆在凤栖湖畔属于辅助场馆。在这样环境限定中，展览馆应以怎样的姿态介入凤栖湖群体聚落环境中，并塑造出融于这片土地的新景观空间是设计的核心问题。

由于用地非常紧张，因此展览馆外轮廓的确定充分结合了基地的形状。南侧采用平行于城市道路的平直界面，而沿着北侧凤栖湖面则是顺应水势的弧形界面。

展览馆形体如何融入湖光山色，与周边景观元素如何引入室

内空间，是一个相辅相成的平衡命题。设计提出了单元群构空间模型，展览馆大体量经过切割，仅保留竖向结构构件作为建筑界面的实体部分，通过大面积通透的窗来实现建筑与场地间"隐与显"的平衡。最大化通透的"隐"，是对凤栖湖景观要素的借景策略，而通过材质交接、体量转折和空间过渡等层面的突破，展览馆的"显"使之在借景之时亦成景。

"开放包容"是贯穿于联合国地理信息展览馆设计始终的主题，在"隐与显"的平衡之中，展览馆向城市敞开，营造了一个开放、充满活力的公众交流平台（图 8-21）。

图 8-22 联合国地理信息展览馆展厅面向共享空间的出入口 (赵强 摄)

8.2.2 表与里的平衡

不论怎样来营造聚落空间的形质感受与给人的意趣，把使用功能及相关流线安排妥当是前提，这就是展览馆特别需要斟酌的形质表里关联。根据基地形状，展览馆沿基地的东西方向呈条状布置，并由东到西分为三个区域：东侧区域为层高 21m 的通高大展厅区，布展面积约为 5400㎡，另设有洽谈休息区、办公用房及贵宾室；中部区域为通透的主入口共享空间，是东、西两侧展厅及会议中心的入口广场，同时也可作为半室外展厅使用；西侧区域的一、二层为展厅，布展面积约为 3500㎡，三层为会议中心兼宴会厅，配备同声翻译室以及贵宾休息室，局部设有办公用房。地下室主要功能为车库、厨房和相关配套服务用房。

作为大型展陈空间，基地内交通设计的关键在于对机动车通行进行管理。在基地南侧设置两个机动车出入口，主要考虑了人员和货物两个方面的机动车流线组织：第一，人员机动车流线从南侧两个出入口进入后，通过内部道路进入展览馆东、西侧入口区或者地下车库出入口，另外，东侧临曲园南路的出入口平时是作为人行出入口使用，在举办大型会展时周边道路进行交通管制后该出入口可作为贵宾机动车临时出入口；第二，货运流线考虑单向行驶，从南侧东口进入基地、从南侧西口驶出基地，从而避免了在紧张用地中的大型货车无法掉头问题，并在货运通道的南侧设置 4 个装卸车位，满足货车停靠与货物装卸的需求。

在室内和景观设计中，通过空间与广场、灰空间、绿茵、形石、景亭等内容的相互融合，塑造从总体到局部的连贯氛围。主入口共享空间贯通了凤栖湖的气韵，平时为市民提供一个开放的活动场地与半室外展厅，召开大会时又可作为会展的主入口与临时检录空间(图 8-22)。

设计深入调研同类工程的完成情况，追寻形质之间微妙的关联，营造简洁而不简单的效果，达成表与里的平衡。

图 8-23 联合国地理信息展览馆柱廊的硬朗与屋顶的飘逸组合分析（樊明明 摄）　　　图 8-24 联合国地理信息展览馆东侧的力度感（赵强 摄）

图 8-25 联合国地理信息展览馆北侧鸟瞰（樊明明 摄）　（右上）图 8-26 亚运三人篮球馆（陆丹雨 摄）　（右下）图 8-27 国际会展中心（二期）工程（章嘉琛 摄）

8.2.3 繁与简的平衡

空间构件尺度的大与小、数量的多与少、横向与纵向构件的转换过渡等，是设计要精准把握的。通过竖向构件重复排列，形成强烈的矩阵感，在烘托博览空间力量美的同时，也遵循了计白当黑的手法，界面围合的空虚处正是对凤栖湖山水的用意处。形体的简洁并不意味细节的简单，细节的"繁"正是博物馆内外界面呈现"简"的基础。通过玻璃和金属铝板的材料组合塑造出通透轻盈的空间感觉，屋顶所采用的凹弧形式吸取了传统屋顶"反宇向阳"的做法，结合椭圆形天窗、主入口共享空间等界面，以

开放包容的姿态融入整体环境中。

椭圆形天窗与主入口方形广场构成"天圆地方"的意象，蕴含我国传统的宇宙观，亦可谓一种最早的地理信息构想。檐口造型取自江南传统建筑飞檐翘角的形态，仿佛振翅蓄势的凤凰，并通过模数化组合形成韵律，与凤栖湖整体环境氛围相默契。展览馆东、西两侧入口通过预制装配式构件的层层堆叠向外挑出，运用类似于传统叠涩构造的现代表达，营造出具有传统韵味的界面细部（图 8-23～图 8-25）。沿着凤栖湖周边的相关建筑聚落也逐步建设，共同融入大聚落的空间序列（图 8-26、图 8-27）。

8.3 从空间到场所

一方水土养一方人，一方水土也养一方建筑聚落，这个一方水土就是一种地缘。所谓地缘，就是指人类共同体在一定的地理空间内，因共同居住、生活、生产等社会活动而形成的社会依存关系。出自同一个地缘的群体，通常在价值观和思维逻辑等方面有许多共同的标准。地缘是一个时空综合的概念：对应着空间范围、体现着时间延续[1]。

每个人心中也都会有一种熟悉的触动，常常随特定的记忆情境而涌现。基于地缘文化的建筑聚落空间传承不仅是对空间环境的营造，更需要对其中蕴含的人文记忆进行不断地扩充，增添新的时代内涵。

当建筑聚落空间单独存在、不与人的行为发生关系时，它只是一种行为的诱因、信息的刺激要素和事件的一种媒介。只有当人们在一个具体的空间中感觉到自在、愿意活动于其中并产生某种联想时，空间才会实现其作为特定使用功能载体的作用，成为可演绎故事的场所[2]。换言之，只有促成人的活动和建筑空间的融合，才能使静态的空间成为动态的场所。

空间吸引人过来，人过来则创造了活动，人的活动使空间"寂感神应"地成为了场所，越来越多的活动随着岁月的积淀就形成了特定的场所感，富有内涵的场所感又吸引更多的人来活动。其中萦绕的故事与动态的情境，往往会使人不远千里慕名而来。

建筑聚落空间的吸引力体现在聚落形态和使用模式两个层次上，即可以在这两个层次上分别加以认知，人们或许只因欣赏其美感而明显地感觉到一个聚落空间的形态，同样即使不过分关注形态也可领会到一个聚落空间的使用模式；若形态与使用模式能相互补充，则可最大限度地发挥建筑聚落空间的潜力。

---

[1] 李宁，王玉平. 契合地缘文化的校园设计[J]. 城市建筑，2008(3)：37-39.
[2] 沈济黄，李宁. 建筑与基地环境的匹配与整合研究[J]. 西安建筑科技大学学报（自然科学版），2008(3)：376-381.

第 九 章

靡革匪因：泮池澄澈

图 9-1 桃李春风送，折桂步蟾宫

如今遗迹周边的历史城市环境多已在现代化进程中变迁，如何将遗迹作为现时城市空间的一部分融入城市生活并保持其文化属性的连续，是思考遗迹保护问题时更应注重的。

图 9-2 福建浦城泮池、金水桥现状（杨鹏 摄）

9.1 创造性转化

历史遗迹空间保护更新的目的，一方面应该考量是否能通过空间场景的塑造实现与历史文脉的对话，激发未来者对该遗迹所承载的附加文化价值的认同；另一方面，更应该思考的是，如今遗迹周边的历史城市环境大多已在现代化进程中变迁，如何将遗迹作为现时城市空间的一部分融入城市生活并保持其文化属性的连续。

在浦城泮池遗迹保护更新设计中，遗迹本身指证旧时地方文庙建筑的文化价值已超越其物质本身。保护更新设计以文脉的空间感知与空间环境改造的当代性为脉络，探索在文化价值较高的历史遗迹更新保护设计中具有可行性的空间策略与价值标准。

"大学在郊，天子曰辟雍，诸侯曰泮宫"，泮池存在的历史可追溯到《礼记·王制》。作为"文庙"这一传统地方官学的重要空间组成部分[1]，"泮宫之半"的空间形制所承载的绝不仅是地方庙学次于中央的等级表征[2]，地方文庙建筑在明清时期形成较为统一的形制和布局之后[3]，泮池已经成为地方文庙建筑不可替代的特殊标志。

而后，在"严学宫，遵庙制"的礼制约束与地方文化的演绎下，承载于泮池之上的诸多儒学礼仪更使其成为了庙学文化不可或缺的物质象征，也是儒学文化的物化载体[4]。今天散存于各地的文庙、泮池遗迹也就成了旧时庙学合一、地方官办教育体制的重要例证（图 9-1、图 9-2）。

研究与保护"泮池"这一具有文化特殊性的遗迹，在地方文化传承中具有重要现实意义，对其进行创造性转化的关键在于按照时代特点和要求赋予其新的时代内涵和现代表达形式，激发其生命力。

[1] 张亚祥. 泮池考论[J]. 孔子研究，1998(1)：121-123.

[2] 沈旸. 泮池：庙学理水的意义及表现形式[J]. 中国园林，2010(9)：59-63.

[3] 肖竞，曹珂. 明清地方文庙建筑布局与仪礼空间营造研究[J]. 建筑学报，2012(S2)：119-125.

[4] 李鸿渊. 孔庙泮池之文化寓意探析[J]. 学术探索，2010(2)：116-121.

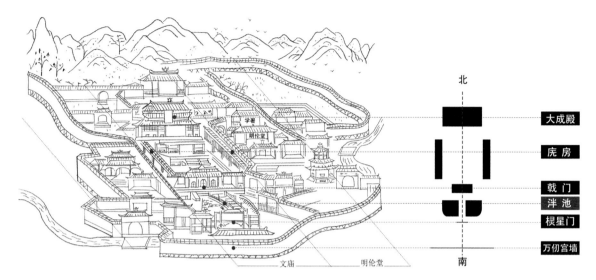

北

大成殿

庑 房

戟 门
泮 池
棂星门

万仞宫墙

南

图 9-3 浦城古文庙格局与中轴线分析 (跟据《清光绪浦城县志·孔庙学宫图》整理、绘制)

9.1.1 文脉关联与历史抽象性

浦城县是福建省最早置县的五个县之一，自古文风鼎盛。自宋庆历年间设孔庙以来，浦城官学便以文庙的形式立学育人。明正德十六年 (1521 年) 浦城文庙迁建至城区皇华山麓，所建泮池即浦城一中老校区内遗迹。清同治十三年 (1874 年) 文庙重修严格遵循"右庙左学"之地方文庙空间形制，于泮池中重新修建泮桥，称金水桥，亦称泮桥、状元桥[1]。

近现代浦城文庙祭祀功用虽衰败无用，但古文庙依旧延续育人之根本，成为浦城一中办学旧址。1967 年文庙大成殿及附属用房毁于大火，曾经形制完整的地方文庙仅存泮池、金水桥遗迹至今，2016 年该遗迹被列入浦城县第八批文物保护单位。浦城泮池遗迹今位于浦城一中老校区教师宿舍区内。

浦城泮池平面呈长方形，向南缺角，四周围以青石护栏，护栏立柱共计28根。自南向北，泮池中横跨石拱桥一座，即为金水桥。该桥单孔石拱，桥长11m，宽 4.3m，跨径 2.8m，条石砌筑桥拱及桥面，毛石堆砌桥身，桥面两侧围青石护栏、立柱共计 16 根，间距1.4m，柱高 1.3m，护栏高0.7m。桥面台阶南七级、北五级，台阶与护栏共用青石板72 块，隐喻孔子门下七十二贤人。旧时状元、进士头插金花，身着状元袍，击鼓蹚靴上金桥，取功成名就之意。

1916 年，在孔庙设浦城县私立中学后，浦城文庙与现代教育体系结合，仍作教书育人之场所，泮池与金水桥所含指的功成名就与状元之意不减，成为一代学子特殊的场所记忆。到近现代浦城中学时期，仍有泮池洗脸濯足，金水桥喜结状元花的历史抽象隐喻。作为仅存的浦城文庙一部分，浦城泮池所承载的文化属性俨然已超越其物质本身，其所代表的文庙虚体空间是旧时浦城地方官学儒家仪典的物化载体，也是教育体制、选拔体制千年变革的默然诉说者 (图 9-3)。

---

[1] 浦城文庙历次的修葺，都留有大量的碑文，记录了维修的经过、集资捐款者名录，并有大量田产收入的记录。目前仅存的四块中，三块位于县博物馆 (浦城县学田记、浦城重修大成殿记、重修浦城文庙记)，一块立于皇华山顶。同时主要的几次修葺纪要仍能从明清两代五部县志中寻得。

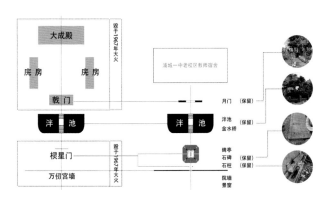

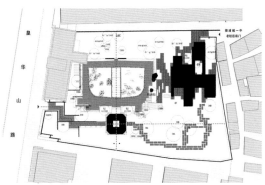

图 9-4 浦城泮池遗迹更新保护设计与文庙历史轴线前导空间的对应分析图　　　　　图 9-5 浦城泮池遗迹保护更新设计总体布局分析图

9.1.2 历史轴线与原真性保护

浦城古文庙由影壁（又称"万仞宫墙"）入学宫，依次过棂星门、泮池、金水桥至戟门，这是文庙前导空间。戟门北接院落一进，左右为东西庑房，供奉儒家先圣、先贤牌位，轴线正对大成殿，供奉孔圣塑像，为文庙的空间主体。大成殿后的藏经阁为集典藏之用。层次分明、空间收放有序的南北轴线是浦城古文庙的重要空间特征，泮池之半的向南缺角实则是对旧时城市建设方位与文庙轴线的重要暗示。历史建筑的"真实性"可以体现在三个方面：一是保留有逝去事件的记忆，二是保存有人类造物的标本，三是具有表征某种场所精神的纪念象征意义[1]。

泮池金水桥在旧时文庙空间中所起到的作用主要是前导礼仪的氛围渲染，为进入文庙主体空间大成殿祭祀烘托庄严肃穆的氛围，承载着独特的儒学文化与等级表征。如明清旧制，士子若乡试中举则要举行绕池一周的仪式，追念先师孔子，同时为之后贡试、殿试祈福；若高中状元，则有资格从中央"泮桥"上跨池"入泮"。浦城泮池与金水桥的历史原真性保护理应将其置入

旧时文庙建筑的空间格局中考量，一是激发浦城旧时地方官学教育与选拔人才制度的历史记忆、回眸近现代浦城一中在文庙办学的育人历史，二是对"状元桥""入泮""采芹"等特殊场所精神的回应。除了对泮池、金水桥的保护性修复、划定泮池周边10m的保护范围，更重要的是通过跨时空的空间轴线对位、游览路径与视线的组织，搭建起对历史文脉的空间感知。

浦城原文庙空间被毁后，北侧新建了浦城一中教师宿舍。受此限制，此次保护更新所限的空间范围南北进深仅42m有余，恢复旧时文庙前导空间实无可能。在此范围内，按照泮池向南缺角的历史轴线，依次从南至北布局院墙、石柱门、碑亭、泮池、金水桥与月门洞，对应文庙空间中的宫墙（院墙）、棂星门（石柱门）与戟门（月门）。

设计以现代手法重建碑亭，亭内石碑为清理院内文庙旧址所得，新刻碑文以铭泮池与金水桥修缮记事、怀浦城古文庙育人祭祀之旧时。院墙向南轴线对景处开景窗一扇，现代意义的院墙与景窗所承载的不仅是历史轴线与外部城市空间的对望、空间层次的延续与渗透，更有对旧时文庙"万仞宫墙"之"学问高深、无法窥探"意蕴的回应（图9-4、图9-5）。

---

[1] 常青. 历史建筑修复的"真实性"批判[J]. 时代建筑，2009(3)：118-121.

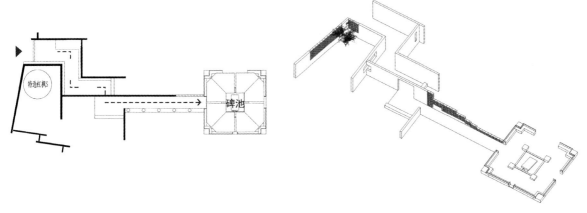

图 9-6 浦城泮池遗迹保护更新设计入口空间序列分析图

9.1.3 序列界面及其交互感知

泮池遗迹的保护性更新可以分解为两个主要部分：其一，泮池与金水桥遗迹作为被毁老文庙的历史仅存，某种意义上已经成为浦城旧时官学的重要物质表征，而"泮水采芹"的精神隐喻与文庙的空间格局在浦城一中的现代教育体系中又留有重要的时代记忆，保留其遗迹原真性的同时如何提供感知文庙历史性空间的场所氛围是保护性更新的第一要务；其二，1967 年文庙被毁后，随着浦城城市建设的推进，泮池周边城市环境已经发生了翻天覆地的变化，保护更新设计中如何将文庙历史轴线与其超越物质属性的场所氛围同现在的城市空间环境协调，是其组织空间感知流线的重要立足点。

随着历史变迁，泮池周边的城市环境早已不是浦城县志中所描述的北依皇华山、南临柘溪的山水格局，城市主干道皇华山路自南向北紧临泮池西侧穿过，临街地块由此均面朝西而入。因而当下的设计处理主要关注三个方面内容：其一，协调现有东西城市轴线与历史文庙轴线的关系；其二，通过路径的合理组织与空间层次的叠合，隔绝西侧城市环境的喧嚣，营造具有历史感的场所氛围；其三，合理安排由外而内、跨越时间的空间观览序列来

实现历史与现代的交互感知（图 9-6）。

受传统园林"露则浅、藏则深"手法的启发，主入口由城市主干道西入，设置一条向东向南不停转换的曲折路径。第一转折为"引"，以园内小窗与泮池记事为序，两侧高墙留白，包裹着城市观者进入狭长的"时空"通道；第二转折为"借"，向西回望城市干道，一株红枫冒窗而入，向东前行，则园内碑亭若隐若现；第三转折为"绕"，向南穿过长墙一片，随即进入园区中部区块；沿长墙向东望去，空间舒朗，正对碑亭中轴处半显石碑一块，宛若掘土新出的遗迹，上刻金水桥与浦城文庙兴衰。由碑亭向北，金水桥自南向北跨立泮池之上，仿若昔日状元及第，待登状元桥入文庙以祭孔圣。

由西向东这一复杂空间序列设计的目的有三：其一，为公园的核心（泮池、金水桥遗迹）营造一个相对安静的空间环境，同时拉长观者从城市入园的路线，逐渐将其从城市的喧嚣带入文庙历史空间的肃穆；其二，文庙由南向北的历史轴线肃穆平直，接合入口的通幽曲径，从空间上暗示了现代与历史的时间感知；其三，通过空间界面整合，由东西向的强限定空间逐渐引导向南北历史轴线的舒朗开阔，欲扬先抑，节奏分明。

（左）图 9-7 浦城泮池遗迹主轴（毛军列 摄）　（右上）图 9-8 浦城泮池遗迹中从金水桥看碑池（毛军列 摄）　（右下）图 9-9 浦城泮池遗迹入口空间（毛军列 摄）

整体来看，通过路径的引导，由"引子"一路经"甬道""碑亭""汀步""采芹""月门""晓风""廊亭"八点串接一线，可形成环路从西侧皇华山路西进西出，亦可自浦城一中老校区东进东出观览，亦可贯穿式环绕泮池东进西出。故而，成为城市虚体空间的功能性流线补充。材料的对比性相似是空间界面交互感知的关键，在泮池保护更新设计的空间流线中，穿插交互出现的新旧事物应是触发场所精神的重要媒介，意在营造一场穿越时空的空间对话（图 9-7~图 9-9）。

场地内除泮池、金水桥遗迹外，在清理过程中发掘旧石板三块、石柱两根、旧砖千余，同局部保留的月门洞一起，巧妙融入空间流线，成为可触可感之物。新建构筑物，凡墙体、空心砖与

碑亭、廊亭均不饰粉刷，以混凝土裸面浇筑的现代性保持新旧事物的清晰区分。同时以新旧两种材质之间相似的厚重属性去显现整体空间的历史感，以一种积极的方式回应了空间的历史文脉。

浦城泮池遗迹虽小，但其承载的历史记忆一直延伸到旧时浦城的文庙育人与儒学礼制格局。追溯近来，又有浦城一中办学与近代人才选拔的历史缩影，保护更新一方面回溯了浦城旧时文庙格局，通过历史轴线与物的对应，尝试激发观者对历史空间与历史事件的感知（图 9-10）。

另一方面，通过功能路径的安排、园林手法的借用，将泮池遗迹与现代构筑物交织为完整的空间序列。将作为浦城城市生活的组成部分与现代生活相融，泮池遗迹将不止为遗迹。

图 9-10 浦城泮池遗迹保护更新总体鸟瞰（毛军列 摄）

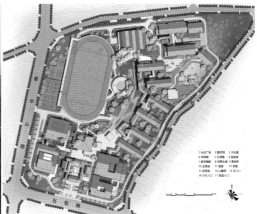

图 9-11 浦城一中新校区晨景（章鱼见筑 摄）　　　　　　图 9-12 浦城一中新校区总平面图

9.2 创新性发展

浦城一中作为福建浦城当地久负盛名的学府，是由浦城文庙改建而来，有着深厚的历史文化积淀。现因学校发展的需要，新校区迁至县城东北部的山坡上，西临皇华山路，南临五显路，东临地质路，北临金正路；校区总用地面积109302㎡，总建筑面积91400㎡，建成后可满足54个班级、2700名学生就读。

习礼大树下，授课杏林旁。中学是一座城市、一个地区的重要文化载体，校园聚落设计须对浦城当地文化和自然环境进行有效的回应，从而让学生受到潜移默化的熏陶。校园聚落并非对传统建筑元素的堆砌表达，而是顺应总体格局来延续地方文脉并留

存城市特定区域的场地特征，同时结合当代教育建筑的使用需求进行提炼概括。通过当代的建筑材料和施工，依旧能引发人们对建筑地方属性与历史纵深的联想[1]。创新性发展就是要按照时代的新进步、新发展，对优秀传统文化的内涵加以补充、拓展、完善，增强其影响力和感召力。

浦城一中新校区设计在尊重城市文化延续和基地环境的基础上，营造一座成长于山地绿野之间、根植于浦城地方记忆与发展脉络之中的现代园林书院聚落（图9-11、图9-12）。

1　沈济黄，李宁. 环境解读与建筑生发[J]. 城市建筑，2004(10)：43-45.

图 9-13 浦城一中新校区运动场主席台与林木（章鱼见筑 摄）　　图 9-14 浦城一中新校区生活区与林木（章鱼见筑 摄）

图 9-15 浦城一中新校区体育馆与林木（章鱼见筑 摄）　　图 9-16 浦城一中新校区教学楼与林木（章鱼见筑 摄）

9.2.1 山林坡地的揣摩

基地中林木森森、曲径通幽，偶有古朴的石屋点缀其间，自然环境得天独厚；漫步在山林间的小道上，便可感受到其中的树影斑驳与岁月沧桑。

具有鲜明特征的自然环境会对校园的空间氛围产生强烈的作用，故而设计确立了尊重地形、尊重山林的设计基点。通过对基地山形地貌的全面测绘，细致地对每一棵树、每一条小径都进行标号分类，据此了解基地的特征与属性，做到"认识自我（地形）"，从而为下一步"表达自我（校园）"奠定基础。

设计充分尊重现有树木的生长情况。或避开大片林木生长的区域，形成自然庭园；或将单体打散来围合大小不一的内院，环抱树木；甚至在聚落单体中挖出洞口，让参天古树从聚落空间内部伸展出来；让自然绿意渗透到空间的每一个角落，营造一所真正与坡地山林共生的校园聚落（图 9-13～图 9-17）。

图 9-17 浦城一中新校区南侧鸟瞰（章鱼见筑 摄）

麻革匪因：泮池澄澈

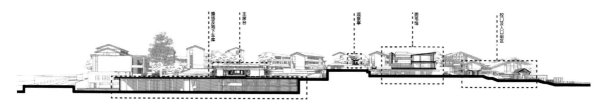

图 9-18 浦城一中新校区地形高差分析图

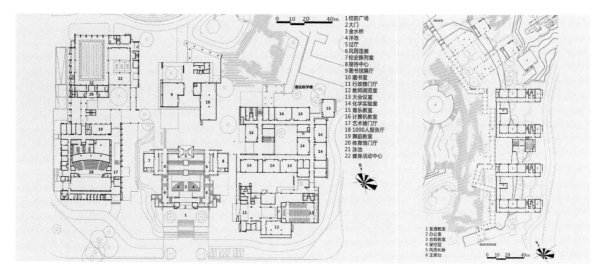

图 9-19 浦城一中新校区校前区一层平面图　　　　　　图 9-20 浦城一中新校区中部风雨长廊与教学楼一层平面图

9.2.2 闽北聚落的借鉴

浦城所在的闽北地区以丘陵地貌为主，阶梯状地形明显，高差显著。当地民居顺势依山而居，形成独具特色的山居聚落，传统民居多呈院落式布局，色调雅致，这是新校区设计可以充分借鉴的建筑原型。基地地势中部较高，东西两侧逐渐降低，最大高差达 10m 有余，地形较为复杂。设计顺应高低起伏的地形，让各个功能组团顺应地形有机生长，不讲究方整的轴线与秩序，只是根据基地原始地形地貌来生发校园建筑聚落，顺山势形成步移景异、柳暗花明的聚落空间效果（图 9-18）。

校园前区由南侧主入口广场起，地面逐层抬高，以保留的小山包作为最高点和入口序列的收头（图 9-19）。中部场地西侧保留

原有坡度，结合操场使坡地成为天然的看台；东侧为串联于风雨长廊上的教学群组，各单体嵌入坡地之中且顺地势跌落，疏密得当、错落有致（图 9-20）。在北侧的生活区中，跌落的屋顶和彼此分离的体块削减了宿舍单体的体量，形成宜人的空间尺度。

在整个校园聚落中，食堂、体育馆、大礼堂和行政楼等大体量单体则是采用体块分解和屋顶层叠的方式，使之在视觉体量上与其他单体保持一致。屋顶和墙面材质延续了闽北传统民居青砖黛瓦的古朴简雅风格，层层叠叠的屋檐掩映在古树之中，层楼复阁、曲沼回廊，给人以端庄内敛的视觉感受（图 9-21）。设计通过单体组合来围合出高低相盈的空间序列，辅以独具匠心的细部刻画，营造出闽北山居聚落的意趣。

图 9-21 浦城一中新校区东侧鸟瞰（章鱼见筑 摄）

图 9-22 浦城一中新校区主入口门廊（章鱼见筑 摄）　图 9-23 浦城一中新校区礼仪广场（章鱼见筑 摄）　图 9-24 浦城一中新校区主席台内部空间（章鱼见筑 摄）

9.2.3 秩序诗意的延续

　　校园入口前区沿袭传统的书院格局。中轴对称的庭院内，古老的金水桥和泮池用高度概括的手法进行演绎，既保留了书院礼仪空间的文化感受，又与校园聚落内的整体氛围相契合。

　　校园南大门结合大台阶和层叠的金属框架模拟再现了传统文庙的入口意象，纤薄的金属配合通透的玻璃，又给人以现代的开放包容之感，欢迎着前来求学的莘莘学子。校园前区礼仪广场的金水桥和泮池则是对浦城一中老校区经典场景的再现，让新老校区在时间和空间上都有所传承。

　　校园生活区的景观以草坡和池塘为基础，利用现有石头房子留下的部分墙体并结合门前的桂花树和水岸改做亭子，可贩卖茶饮小食，供师生休憩交流。校园聚落中，古树、楼群、坡地、荷塘、长廊与师生活动交映，一幅秀而野、巧而朴的山居胜景跃然眼前（图 9-22～图 9-24）。

9.3 穿越时空的对话

对于正在形成人生观、世界观的青少年而言，校园聚落环境就像无声的课堂，对学生的健康品格起到潜移默化的作用。校园聚落景观建构强调空间的叙事性，每一处景观均以师生的活动场景为前提，加强使用者对于校园聚落空间的认同感和归属感；另一方面，突出学校治学育人的宗旨，以富有仪式感的传统书院空间与现代校园聚落空间相结合，让典雅的礼仪空间与自然场景发生碰撞，礼乐相成。

在校园聚落漫长的生长过程中，构想与初期建设只是一个起步。在校园聚落的全生命周期中，面对新的不平衡，又会演绎出新的故事。这个生长过程，实际上是校园聚落的环境潜质累积过程，是一个永远不息的"知行合一"循环提升。

扎根传统就是指所有的创新都不是无根之木、无源之水，传统都曾是昔日之创新，且是今日创新的台阶[1]；"靡革匪因"所强调的就是变革创新有其因由依据。文化传承从本质上说，就是一种辅助记忆、保存记忆与延续记忆的方式，历史遗迹保护的重要价值就在于其物质属性上附加的精神与象征意义对文化传承的不可替代性。由此，对历史遗迹的保护自然不能仅站在物质属性的修复与保存这一基础层面，更为紧要的是考量历史遗迹本身之外的文化延承[2]。

从浦城泮池到浦城一中新校区，带给师生的不仅仅是校园聚落空间形象的记忆、更是浦城地方文化的总体意象氛围，传递着浦城历史脉络与人文内涵，促成一代代的学子形成共同的价值取向、心理归属和文化认同，更好地达到教书育人的目的。

---

[1] 李宁，李林. 传统聚落构成与特征分析[J]. 建筑学报，2008（11）：52-55.
[2] 汤贤豪，李宁，吴震陵. 历史遗迹的文脉对应与当代诠释——以福建浦城泮池遗迹保护更新设计为例[J]. 华中建筑，2022（3）：170-173.

第　十　章

和光同尘：桑田沧海

图 10-1 江南雨，点点滴滴，湿了春泥

就中国传统文化而言，儒道互补可谓源远流长；虽儒家的"入世"和道家的"出世"的追求大相径庭，但"守于中"的理念是相通的。而"守于中"的"中"，即平衡点。

图 10-2 桑洲清溪文史馆与周边山林（丁俊豪 摄）

10.1 消隐与重构

浙江宁海县的桑洲清溪文史馆，镶嵌于江南丘陵中，是一个集文化历史展览、游客接待和田园体验等功能于一体的小型文化旅游建筑，总用地面积12645㎡，总建筑面积1573㎡，既是桑州旅游接待的前哨，更是一个展示桑洲人文与自然景观的平台。

桑洲清溪文史馆设计通过消隐与重构的办法来应对环境因建筑介入而引发的扰动，希望消隐于自然环境中，在满足功能的

前提下最大限度地保留和延续既有丘陵地形，通过建筑介入来织补并重构原初梯田的层叠关系，使得新生成的环境共同体更加妥帖自然；应和着江南特有的婉约风雨，寒来暑往、秋收冬藏，花开时节、生机盎然（图 10-1～图 10-3）。在所处环境中逐步演变的状态，就是建筑聚落生长并与之不断整合的过程[1]。

---

[1] 沈济黄，李宁. 基于特定景区环境的博物馆建筑设计分析[J]. 沈阳建筑大学学报（社会科学版），2008(2)：129-133.

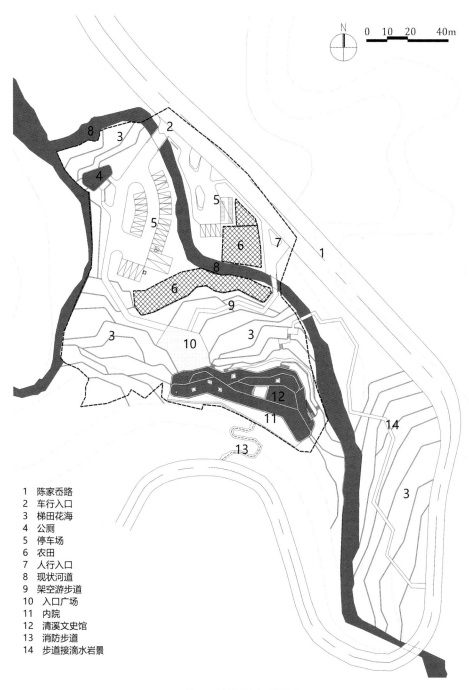

1　陈家岙路
2　车行入口
3　梯田花海
4　公厕
5　停车场
6　农田
7　人行入口
8　现状河道
9　架空游步道
10　入口广场
11　内院
12　清溪文史馆
13　消防步道
14　步道接滴水岩景

图 10-3 桑洲清溪文史馆总平面图

图 10-4 桑洲清溪文史馆南侧鸟瞰（丁俊豪 摄）

10.1.1 江南丘陵

说起江南，大家都会想到小桥流水，事实上，江南丘陵同样是江南特有的风情。江南丘陵不同于高山深谷的雄奇险峻，而只是在较为松缓的地形起伏间，林木层叠、溪涧奔涌。

丘陵中的梯田、溪流、小桥、阡陌、村落，正是对这一重韵致的回应，顺地形起伏而高低错落。行走其中，时有小桥跨溪，时有小筑依山；望之或似山重水复，转过来却又柳暗花明。看似平凡简单，但在江南山水的起承转合之间，如民谣一般吟唱着与自然和谐的旋律，清雅有味、回味隽永。

文史馆的基地原先是一个停车场，是前些年从周边梯田中平整出来的，业主本想在离村落更近的地方建造文史馆。设计团队在现场踏勘后郑重向业主建议，文史馆就依着山崖而建，停车则可以根据道路组织来灵活布置，这样必然有利于文史馆本身作为桑洲山水中的一个构成部件、一个环境展品呈现给大家。

依着山崖的基地北侧视野开阔，东西两侧依旧是美丽的梯田风光，南侧则靠着山崖，山上是滴水岩风景区。基地边上有一条连接多个村落的公路经过，东北侧的清溪蜿蜒曲折，为这片田地增添了一份画意（图 10-4、图 10-5）。

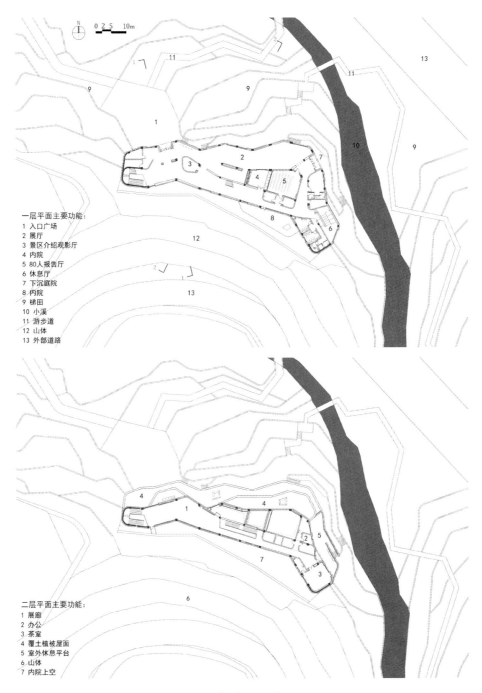

一层平面主要功能：
1 入口广场
2 展厅
3 景区介绍观影厅
4 内院
5 80人报告厅
6 休息厅
7 下沉庭院
8 内院
9 梯田
10 小溪
11 游步道
12 山体
13 外部道路

二层平面主要功能：
1 展廊
2 办公
3 茶室
4 覆土植被屋面
5 室外休息平台
6 山体
7 内院上空

图10-5 桑洲清溪文史馆平面图

图 10-6 桑洲清溪文史馆东侧鸟瞰（丁俊豪 摄）

10.1.2 依托大地

落户于这种特定氛围之中，若以生硬的构筑形式强鲠于山水间，则无异于焚琴煮鹤。大家时常在山野佳处看见一些刻意打造的装饰了许多符号与夸张表情的建筑，心中总是不免暗自叹息。

虽由人作、宛如天成，这是桑洲清溪文史馆项目的设计理念，这不仅是出于对自然环境的保护，更重要的是希望通过这样的设计理念，传递出一种对自然尊重的心愿。

适宜的建筑聚落能提升整个环境的氛围，为环境增添独特的生机。深山中的一座古刹、山巅上的一角亭台，虽改变了原始地貌，但使环境因为人类有益的营造活动而进入一种新平衡，生成一种更具有人文气息的环境样态。

在桑洲清溪文史馆的设计中，反复推敲的就是：什么样的空间界面组合能与丘陵环境共生；什么样的空间载体能成为周边梯田中不可或缺的一部分；在满足功能的同时，怎样尽量弱化空间序列组合所构成的体量；交通流线如何与外部道路衔接。这一系列问题，需要设计逐一解决（图 10-6）。

图 10-7 桑洲清溪文史馆主入口（丁俊豪 摄）

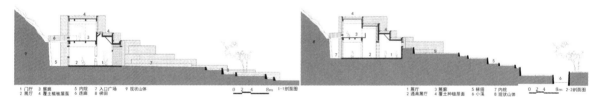

图 10-8 桑洲清溪文史馆剖面图

10.1.3 时空对位

通过分析基地的地形、山势、水流以及植被等"物质"环境状况，结合其中交织着的社会、人文、功能、经济等诸多"非物质"环境因素，必然形成独特并适合建筑发展的综合情境。设想的文史馆在虚拟态中不断地与基地进行情境匹配，不断变化、调整与适应，从而与基地环境的啮合状态逐步改善。设计通过屋顶的高差关联，在解决文史馆内部空间功能的前提下，还原了基地

及周边整体梯田高差关系。局部位置加以适当优化，用以解决文史馆出入口与周边道路的对接。一层平面主要有展厅、80 人报告厅、景区介绍观影厅、休息厅等内容，二层平面主要有展廊、小茶室、办公等内容。功能组织比较简单，设计的用心之处在于把室内展陈等公共空间通过门厅、楼梯、走道等进行有效的引导，从而与不同标高的屋顶平台衔接在一起，进而延伸到周边的梯田之中，也对位到桑洲历史时空之中（图 10-7、图 10-8）。

（上）图 10-9 从游步道看桑洲清溪文史馆（丁俊豪 摄）　　　（下）图 10-10 桑洲清溪文史馆屋顶覆土种植与石砌垒墙组合（丁俊豪 摄）

10.2 理性与烂漫

桑洲清溪文史馆内外多处界面采用天然石块砌筑，如同梯田中常见的石砌挡土坡；屋顶通过覆土来种植与周边梯田相同的农作物。通过充分调研当地的石材特点，采用当地的工艺技法，呈现出原初朴实的梯田样貌（图 10-9~图 10-11）。

伴随着参观者对文史馆的接触、体验、理解以及联想的整个认知过程，会不断调动已有的经验、背景知识等来进行想象性心理对接与创造性心理补白，文史馆提供了似曾相识又不同于常规展馆的活动感受，能让人产生具有层次性和逻辑性的情境建构，进而上升到精神上的愉悦。在理性与烂漫交织之间，设计试图以简洁清晰的逻辑推理解决实际问题，用空灵朴素的设计意象表达空间组合，以隽永低调的生活态度引领交互情境[1]。

理性对应儒家的入世思维，经世济用；烂漫对应道家的出世思维，坦率自然。

1　李宁，王玉平. 空间的赋形与交流的促成[J]. 城市建筑，2006(9)：26-29.

图 10-11 江南丘陵中的桑洲清溪文史馆（丁俊豪 摄）

和光同尘：桑田沧海

图 10-12 从西侧梯田看桑洲清溪文史馆（丁俊豪 摄）

10.2.1 自然之道

在许多情境中，设计者刻意创新、殚精竭虑，有时却走得太远，简单平易的手段反而被忽视。

丘陵地形本是大自然的风霜雨水经年累月地不断雕蚀的结果，镌刻了最朴实的自然之美。在漫长的历史中，也有人类局部改造的因素，但这些改造必定是遵循自然之道的，否则自然力很快便使之损毁坍塌。人类在漫长的生息繁衍中，就是不断用试错的方式来总结与自然相处的经验教训。

丘陵地形记录着千百年来人类与自然和谐共生的线索，如今文史馆设计追寻并契合这条线索，既是对自然的尊重，又是对美的承续，不必故意去搬弄新奇复杂的手法（图 10-12）。

举重若轻，回归自然之道；举轻若重，设计如烹小鲜。

图 10-13 桑洲清溪文史馆夜景（丁俊豪 摄）

10.2.2 模糊边界

游人在欣赏梯田美景的时候不知不觉顺着地势和步道走到了文史馆的屋顶，可通过各层屋顶平台到文史馆中观展，来品味体验桑洲人文历史。从各层屋顶平台走出，是不同视野的观景台，游人又置身于田园美景之中。功能边界略显模糊的内外空间通常会引发人们更多的潜在活动，设计努力为这种潜在的活动提供可能性（图 10-13~图 10-16）。

在室内材料的选择上，通过清水混凝土屋顶、白色硅藻泥墙面以及原木色门窗来体现空间的朴实感。室内装饰与家具大多采用原木，以最简明的方式呈现出建筑的地方个性。自然光通过高窗和天窗漫射在室内地面和墙上，结合空间变换营造出渐变的光环境，在视觉以及心理上给人们带来舒适的身心体验。同时，进行多趣味点的布置，满足人们在行进或驻足之时对多变空间的心理期待，充分让人们感受文史馆内外界面的亲和宜人。

图 10-14 桑洲清溪文史馆展厅与休息座 (赵强 摄)　　图 10-15 桑洲清溪文史馆报告厅 (赵强 摄)　图 10-16 桑洲清溪文史馆二层平台 (赵强 摄)

图 10-17 桑洲清溪文史馆屋顶植被与溢水口（丁俊豪 摄）　　图 10-18 桑洲清溪文史馆通高展厅（章鱼见筑 摄）　图 10-19 桑洲清溪文史馆天窗与内院（丁俊豪 摄）

10.2.3 在地营造

在桑洲陈家岙村这样的乡村环境中，空间营造既要体现文史馆的文化特征，更须结合实际的使用状况来应对乡土个性。在如何与周边村落对话的处理上，设计根据当地乡建营造手法来入乡随俗、因材施用，充分发挥当地材料的建造优势，与村落、梯田整体共同在观感和质感上自然而然地散发出乡土气息。

设计也充分认识到，投入与产出的平衡是设计得以实现的支点：不是为了乡土而乡土、为了在地而在地，块石垒墙、溢水口及屋面覆土种植等，都是需要在日常使用中随时进行检查与维护的，如果不是当地直接可用的材料和当地人真正熟悉的构造与操作，刻意去搞乡土建筑往往会成为一种非常奢侈的行为。屋面覆土植被须充分考虑防水效果，因此在做好建筑防排水设计的同时设置了许多溢水口，其构造就如同梯田中必要时设置的溢水口一样（图 10-17）。室内空间也与外部形态一致，展陈厅廊的不规则曲墙面和高低错落的屋顶所围合的空间如乡间小路一般，宽窄不一、灵活多变（图 10-18）。跟当地村居中普遍采用的一样，文史馆的内院与天窗使得内部空间更为轻灵通透，且有效地完善了内部通风与采光的舒适度（图 10-19）。

就桑洲的地理气候条件而言，有效的自然采光与通风组织尤显重要；经历了春夏秋冬的轮回，验证了桑洲这种乡建营造方式的节能功效。文史馆的土建施工并不复杂，颇费精力的是植入整体环境后的生长与维护。

10.3 道隐无名

建筑发展至今，演化出了无数的学派与支流，设计的思考也呈现出更多的随机性和个体特征。经历了一味追求大、酷、高的设计年代，特立独行的建筑如雨后春笋般层出不穷，建筑评价的舆论导向也成了变化不定的风向标。过度消费的背后，浮躁的建筑热潮或者说现象，将建筑设计引向了一场更为长久的反思与辩论。如何去标签化、去形式化，还原建筑本身的意义，如何在东与西、古与今、庄重与自由、技术合理与艺术表达、品质提升与造价控制之间拿捏分寸、取得平衡，成为设计考虑的重点[1]。

就中国传统的建筑语境而言，儒家的秩序和理性势必影响颇多；同时道家的空灵和烂漫返朴又牵引着空间的格局。就传统文化情结而言，儒道互补可谓源远流长；虽儒家的"入世"和道家的"出世"的追求大相径庭，但"守于中"的理念相通，"守于中"的"中"即平衡点。

小山坳中的一角，静静的梯田，平凡质朴的建筑消隐于山水间，一如千百年来生长于此的山林田地。消隐的形体、适宜的织补、得体的空间，共同营造一座有淡雅乡土地方特征的小型文化建筑。竣工后业主略显遗憾地表示，花了很多钱，结果建筑看不见了。设计团队安慰业主说，桑洲要要展示给大家的，不是高楼大厦，而是这里的绿水青山，只要能让人们在参观文史馆的过程中，更好地领略这山、这水、这江南丘陵的底蕴，那就是守住了桑洲的金山银山[2]。如今流连忘返于建筑内外的游人意外惊喜的欢呼与笑声，正是对业主与设计者的最大褒奖。文史馆虽然没有对应的城市大聚落的层级脉络可循，但这山、这水、这江南丘陵的脉络关联，正是设计最根本的依据。

---

[1] 蒋兰兰，方华. 儒道互补——丽水学院体育综合训练馆的创作实践[J]. 华中建筑，2017(2)：78-82.
[2] 赵建军，杨博. "绿水青山就是金山银山"的哲学意蕴与时代价值[J]. 自然辩证法研究，2015(12)：104-109.

结　语

以中国为代表的东方哲学传统里，有为学、为道的不同着力点，为学的目的是增加知识的积累，为道的目的是提高心灵的境界，总体是讲究以自我内心的超越为美、以过程为美。就生理活动而言，是使生命处在一个"负阴而抱阳""冲气以为和"的过程中；就价值活动而言，则是化世界为境界、化手段为追求、化结果为过程，并以此作为安身立命的精神家园。

就我国传统文化渊源而言，把"执中"看成是至高无上的天理、天道，这与天人合一的基本思维有关。我国传统文明的基础是农耕文明，紧紧依赖着四季循环、日月阴晴，因此很清楚一切极端的现象和做法都不符合天道。极阳之时一阴生、极阴之时一阳生，构成一个否定极端的生态循环圈。所以在矛盾冲突中，可以保持动态平衡的，才谓之"中"。

什么叫"中"？物理上的"中"，是相对四周而言；从另一个角度看，或许还是边，没有绝对的"中"。思想上的"中"就更难确定了。这个"中"在什么地方？事实上，多方博弈均衡了就是"中"。拿筷子来说，并非筷子两端之间的中点就是中，筷子两端的粗细不同，重量不一样，将一支筷子搁在手指上，使筷子保持水平、两边平衡了，这筷子与手指的接触点才是"中"。

"不平衡"是绝对的，"平衡"是相对的，平衡建筑就是努力在绝对的"不平衡"中把握相对的"平衡"，执其"中"。平衡建筑认为，建筑设计要处理的就是诸多"不平衡"。要应对诸多不平衡，不能套用教条与程式，只能以"知行合一"的方式进行动态的权衡把握，并在这过程中不断体悟平衡之道。

平衡建筑研究努力通过"建筑之知"与"建筑之行"的合一，在纷繁芜杂的多方博弈中寻求设计"平衡点"，这正是"知行合一"哲学智慧在建筑领域的具体实践。道不可坐论，德不能空谈；于实处用力，在"知行合一"上下功夫，平衡建筑才能内

化为我们团队的精神追求、外化为自觉行动。正是因为平衡建筑理论扎根于传统哲学智慧，所以能更有利于坚定理论基础的自信与现实的发展。

从继承性看，平衡建筑研究着力于中国文化自觉；从民族性看，不会因全球化而导致地方特色的缺失和民族精神的衰落；从原创性看，反对仿制与平庸，讲究因时、因地、因人制宜；从时代性看，反对保守倒退，积极地从中国文化根脉中汲取营养，面向现实和未来；从系统性看，有着对人居环境、时空的综合考虑与长远责任感；从专业性看，以烂漫的情怀和缜密的理性展示专业素养，提供特定的建筑应对，强调责任担当。

面对越来越多的挑战，建筑师应该主动展示我们的创意和诚意，表达我们的工作状态与心态。我们需要更好地认识建筑师这一角色的延展与新涵义，更好地与业主合作、与使用者沟通。设计绝非建筑师个人的精神宣泄，形式与个性源于对生活的深刻体验和对公共精神的遵守。

平衡建筑理论的核心，就是"情理合一""技艺合一""形质合一"，这就是平衡建筑在"道、法、器"三个层面上所追求的知行合一。

本书反复论证的就是，由建筑技术所支撑的建筑之"形"需与建筑之"质"浑然一体，方是"合一"。平衡建筑所遵循的就是：没有独立于建筑之"质"之外的"形"，也没有独立于建筑之"形"之外的"质"。

作为平衡建筑理论及其实践研究的一个部分，建筑聚落空间的形质研究将汇入平衡建筑研究的总体之中。平衡建筑的研究也需各方面的共同努力，同心一德，集谋并力，涓涓细流终能汇成江海。

大海之润，非一流之归；大厦之成，非一木之才。

参考文献

第一部分：专著

[1] 董丹申. 走向平衡[M]. 杭州: 浙江大学出版社, 2019, 7.

[2] 庄惟敏. 建筑策划导论[M]. 北京: 中国水利水电出版社, 2001, 10.

[3] 崔恺. 本土设计 II[M]. 北京: 知识产权出版社, 2016, 5.

[4] 李兴钢. 胜景几何论稿[M]. 杭州: 浙江摄影出版社, 2020, 9.

[5] 倪阳. 关联设计[M]. 广州: 华南理工大学出版社, 2021, 1.

[6] 李宁. 建筑聚落介入基地环境的适宜性研究[M]. 南京: 东南大学出版社, 2009, 7.

[7] 吴震陵, 董丹申. 惟学无际——中小学校园策划与设计实践[M]. 北京: 中国建筑工业出版社, 2020, 6.

[8] (法) B.曼德尔布洛特. 分形对象——形、机遇和维数[M]. 文志英, 苏虹, 译. 北京: 世界图书出版公司北京公司, 1999, 12.

[9] (美) 凯文•林奇. 城市意象[M]. 方益萍, 何晓军, 译. 北京: 华夏出版社, 2001, 4.

[10] (美) 凯文•林奇. 城市形态[M]. 林庆怡, 等, 译. 北京: 华夏出版社, 2001, 6.

[11] (美) 格朗特•希尔德布兰德. 建筑愉悦的起源[M]. 马琴, 万志斌, 译. 北京: 中国建筑工业出版社, 2007, 12.

[12] (美) 阿摩斯•拉普卜特. 建成环境的意义——非言语表达方法[M]. 黄兰谷, 等, 译. 北京: 中国建筑工业出版社, 2003, 8.

[13] 邹华. 流变之美: 美学理论的探索与重构[M]. 北京: 清华大学出版社, 2004, 8.

[14] 刘维屏, 刘广深. 环境科学与人类文明[M]. 杭州: 浙江大学出版社, 2002, 5.

[15] 欧阳康, 张明仓.社会科学研究方法[M]. 北京: 高等教育出版社, 2001, 12.

[16] 王建国. 城市设计[M]. 第三版. 南京: 东南大学出版社, 2011, 1.

[17] 董丹申, 李宁. 知行合一——平衡建筑的实践[M]. 北京: 中国建筑工业出版社, 2021, 8.

[18] (美) 凯文•林奇, 加里•海克. 总体设计[M]. 黄富厢, 等, 译. 北京: 中国建筑工业出版社, 1999, 11.

[19] (挪) 诺伯舒兹. 场所精神——迈向建筑现象学[M]. 施植明, 译. 武汉: 华中科技大学出版社, 2010, 7.

[20] 赵巍岩. 当代建筑美学意义[M]. 南京:东南大学出版社, 2001, 8.

[21] 曾国屏. 自组织的自然观[M]. 北京: 北京大学出版社, 1996, 11.

第二部分：期刊

[1] 董丹申. 对话董丹申: 什么是平衡建筑[J]. 当代建筑, 2021(1): 24-25.

[2] 沈济黄, 李宁. 建筑与基地环境的匹配与整合研究[J]. 西安建筑科技大学学报 (自然科学版), 2008(3): 376-381.

[3] 李宁，李林. 传统聚落构成与特征分析[J]. 建筑学报，2008(11)：52-55.

[4] 陆激，邝洋. 当乡土已成奢侈——记景宁县秋炉乡希望小学建设[J]. 华中建筑，2007(3)：62-63.

[5] 李晓宇，孟建民. 建筑与设备一体化设计美学研究初探[J]. 建筑学报，2020(Z1)：149-157.

[6] 董丹申，李宁. 在秩序与诗意之间——建筑师与业主合作共创城市山水环境[J]. 建筑学报，2001(8)：55-58.

[7] 崔愷. 关于本土[J]. 世界建筑，2013(10)：18-19.

[8] 李宁. 平衡建筑[J]. 华中建筑，2018(1)：16.

[9] 冒亚龙. 独创性与可理解性——基于信息论美学的建筑创作[J]. 建筑学报，2009(11)：18-20.

[10] 宋少云. 多场耦合问题的分类及其应用研究[J]. 武汉工业学院学报，2008(3)：46-49.

[11] 梁江，贾茹. 城市空间界面的耦合设计手法[J]. 华中建筑，2011(2)：5-8.

[12] 方创琳，崔学刚，梁龙武. 城镇化与生态环境耦合圈理论及耦合器调控[J]. 地理学报，2019(12)：2529-2546.

[13] 董丹申，许耀铭. 山海之间的时光穿梭——台州市大陈岛军事博物馆的设计实践[J]. 华中建筑，2022(6)：63-68.

[14] 苏学军，王颖. 空间图式——基于共同认知结构的城市外部空间地域特色的解析[J]. 华中建筑，2009(6)：58-62.

[15] 景君学. 可能性与现实性[J]. 社科纵横，2005(4)：133-135.

[16] 史永高. 从结构理性到知觉体认——当代建筑中材料视觉的现象学转向[J]. 建筑学报，2009(11)：1-5.

[17] 董丹申. 情理合一与大学精神[J]. 当代建筑，2020(7)：28-32.

[18] 李兴钢，谭泽阳，张玉婷. 探求建筑形式、结构与空间的同一性——海南国际会展中心设计手记[J]. 建筑学报，2012(7)：44-47.

[19] 方炜淼，吴震陵. 山东药品食品职业学院图书信息大楼[J]. 世界建筑，2022(6)：108-111.

[20] 张昊哲. 基于多元利益主体价值观的城市规划再认识[J]. 城市规划，2008(6)：84-87.

[21] 董丹申，汤贤豪，李宁，章嘉琛. 城市纽带，会展公园——超大型会展经济综合体设计分析[J]. 城市建筑，2021(9)：132-134.

[22] 吴震陵. 平衡策略，朴实建造——大连理工大学管经学部楼[J]. 建筑技艺，2020(1)：96-101.

[23] 唐秋萍，孙啸野. 链接·倒置·透明——清江浦区基础教育设施建设一期工程项目设计[J]. 华中建筑，2022(8)：52-55.

[24] 李翔宁. 自然建造与风景中的建筑：一种价值的维度[J]. 中国园林，2019(7)：34-39.

[25] 赵黎晨，李宁，董丹申. 整体连贯，浑然一体——桐乡市现代实验学校新校区设计回顾[J]. 华中建筑，2022(6)：46-49.

[26] 徐苗，陈芯洁，郝恩琦，万山霖. 移动网络对公共空间社交生活的影响与启示[J]. 建筑学报，2021(2)：22-27.

[27] 胡慧峰，董丹申，李宁，贾中的. 庭院深深深几许——杭州雅谷泉山庄设计回顾[J]. 世界建筑，2021(4)：118-121.

[28] 何志森. 从人民公园到人民的公园[J]. 建筑学报，2020(11)：31-38.

[29] 井浩淼. 建筑中光影的视觉艺术效果[J]. 中南大学学报（社会科学版），2012(5)：22-27.

[30] 吴震陵，方炜淼，赵黎晨. 中共桐乡市委党校[J]. 当代建筑，2022(7)：104-111.

[31] 吴震陵，李宁，章嘉琛. 原创性与可读性——福建顺昌县博物馆设计回顾[J]. 华中建筑，2020(5)：37-39.

[32] 李宁，王玉平，姚良巧. 水月相忘——安徽省安庆博物馆设计[J]. 新建筑，2009(2)：50-53.

[33] 沈清基，徐溯源. 城市多样性与紧凑性：状态表征及关系辨析[J]. 城市规划，2009(10)：25-34+59.

［34］ 章嘉琛，李宁，吴震陵. 城市脉络与建筑应对——福建顺昌文化艺术中心设计回顾［J］. 华中建筑，2019（12）：51-54.

［35］ 李欣，程世丹. 创意场所的情节营造［J］. 华中建筑，2009（8）：96-98.

［36］ 石孟良，彭建国，汤放华. 秩序的审美价值与当代建筑的美学追求［J］. 建筑学报，2010（4）：16-19.

［37］ 曾鹏，曾坚，蔡良娃. 当代创新空间场所类型及其演化发展［J］. 建筑学报，2009（11）：11-15.

［38］ 胡慧峰，李宁，方华. 顺应基地环境脉络的建筑意象建构——浙江安吉县博物馆设计［J］. 建筑师，2010（5）：103-105.

［39］ 鲍英华，张伶伶，任斌. 建筑作品认知过程中的补白［J］. 华中建筑，2009（2）：4-6+13.

［40］ 朱文一. 中国营建理念 VS "零识别城市/建筑"［J］. 建筑学报，2003（1）：30-32.

［41］ 李翔宁. 2008 建筑中国年度点评综述：从建筑设计到社会行动［J］. 时代建筑，2009（1）：4.

［42］ 彭荣斌，方华，胡慧峰. 多元与包容——金华市科技文化中心设计分析［J］. 华中建筑，2017（6）：51-55.

［43］ 刘毅军，赖世贤. 视知觉特性与建筑光视觉空间设计［J］. 华中建筑，2009（6）：44-46.

［44］ 孟建民. 本原设计观［J］. 建筑学报，2015（3）：9-13.

［45］ 吴震陵，许逸敏，杨鹏. 人本为先的设计实践——以杭州湾滨海小学为例［J］. 建筑与文化，2020（5）：191-193.

［46］ 赵衡宇，孙艳. 基于介质分析视角的邻里交往和住区活力［J］. 华中建筑，2009（6）：175-176.

［47］ 黄莺，万敏. 当代城市建筑形式的审美评价［J］. 华中建筑，2006（6）：44-47.

［48］ 赵恺，李晓峰. 突破"形象"之围——对现代建筑设计中抽象继承的思考［J］. 新建筑，2002（2）：65-66.

［49］ 陈建，蔡弋，应倩. 织就写意山水——仙居文化中心设计回顾［J］. 华中建筑，2018（1）：22-26.

［50］ 吴震陵，陈冰，王英妮. 生发于乡野之间——宁海技工学校营造回顾［J］. 华中建筑，2017（6）：78-83.

［51］ 陆激，周欣. 读懂建筑，设计未来——基于教育理念更新的中小学设计探索［J］. 城市建筑. 2016（1）：20-24.

［52］ 夏荻. 存在的地区性与表现的地区性——全球化语境下对建筑与城市地区性的理解［J］. 华中建筑，2009（2）：7-10.

［53］ 李斌. 环境行为学的环境行为理论及其拓展［J］. 建筑学报，2008（2）：30-33.

［54］ 朱睿，吴震陵，徐荪. 湿地筑院——宁波杭州湾新区滨海小学［J］. 世界建筑，2022（8）：104-107.

［55］ 王金南，苏洁琼，万军. "绿水青山就是金山银山"的理论内涵及其实现机制创新［J］. 环境保护，2017（11）：12-17.

［56］ 董宇，刘德明. 大跨建筑结构形态轻型化趋向的生态阐释［J］. 华中建筑，2009（6）：37-39.

［57］ 苏朝浩，林康强，王帆. 壳体结构形态的量化重构——基于建筑参数化设计技术与结构力学的协同机制［J］. 南方建筑，2016（2）：119-124.

［58］ 杨春时. 论设计的物性、人性和神性——兼论中国设计思想的特性［J］. 学术研究，2020（1）：149-158+178.

［59］ 黄星元. 生产空间+艺术创作［J］. 工业建筑，2005（3）：11-13.

［60］ 李宁，王玉平. 契合地缘文化的校园设计［J］. 城市建筑，2008（3）：37-39.

［61］ 王贵祥. 中西方传统建筑——一种符号学视角的观察［J］. 建筑师，2005（4）：32-39.

［62］ 曹力鲲. 留住那些回忆——试论地域建筑文化的保护与更新［J］. 华中建筑，2003（6）：63-65.

［63］ 张亚祥. 泮池考论［J］. 孔子研究，1998（1）：121-123.

[64] 沈旸. 泮池：庙学理水的意义及表现形式[J]. 中国园林，2010（9）：59-63.

[65] 肖竞，曹珂. 明清地方文庙建筑布局与仪礼空间营造研究[J]. 建筑学报，2012（S2）：119-125.

[66] 李鸿渊. 孔庙泮池之文化寓意探析[J]. 学术探索，2010（2）：116-121.

[67] 常青. 历史建筑修复的"真实性"批判[J]. 时代建筑，2009（3）：118-121.

[68] 汤贤豪，李宁，吴震陵. 历史遗迹的文脉对应与当代诠释——以福建浦城泮池遗迹保护更新设计为例[J]. 华中建筑，2022（3）：170-173.

[69] 殷农，陈帆. 遍寻修缮技式，传承校园文脉——浙江大学西溪校区东二楼改造纪实[J]. 华中建筑，2017（2）：83-88.

[70] 朱小地. "层"论——当代城市建筑语言[J]. 建筑学报，2012（1）：6-11.

[71] 许逸敏，李宁，吴震陵. 故园芳华，泮池澄澈——福建浦城第一中学新校区设计回顾[J]. 华中建筑，2020（5）：48-50.

[72] 马国馨. 创造中国现代建筑文化是中国建筑师的责任[J]. 建筑学报，2002（1）：10-13.

[73] 沈济黄，陆激. 美丽的等高线——浙江东阳广厦白云国际会议中心总体设计的生态道路[J]. 新建筑，2003（5）：19-21.

[74] 李宁，丁向东. 穿越时空的建筑对话[J]. 建筑学报，2003（6）：36-39.

[75] 刘莹. 试论工程和技术的区别与联系[J]. 南方论刊，2007（6）：62+43.

[76] 朱耀明，郑宗文. 技术创新的本质分析——价值&决策[J]. 科学技术哲学研究，2010（3）：69-73.

[77] 李旭佳. 中国古典园林的个性——浅析儒、释、道对中国古典园林的影响[J]. 华中建筑，2009（7）：178-181.

[78] 沈济黄，李宁. 环境解读与建筑生发[J]. 城市建筑，2004（10）：43-45.

[79] 黄蔚欣，徐卫国. 非线性建筑设计中的"找形"[J]. 建筑学报，2009（11）：96-99.

[80] 张若诗，庄惟敏. 信息时代人与建成环境交互问题研究及破解分析[J]. 建筑学报，2017（11）：96-103.

[81] 沈济黄，李宁. 基于特定景区环境的博物馆建筑设计分析[J]. 沈阳建筑大学学报（社会科学版），2008（2）：129-133.

[82] 陈青长，王班. 信息时代的街区交流最佳化系统：城市像素[J]. 建筑学报，2009（8）：98-100.

[83] 李宁，王玉平. 空间的赋形与交流的促成[J]. 城市建筑，2006（9）：26-29.

[84] 任军. 当代建筑的科学观[J]. 建筑学报，2009（11）：6-10.

[85] 张郁乎. "境界"概念的历史与纷争[J]. 哲学动态，2016（12）：91-98.

[86] 杨茂川，李沁茹. 当代城市景观叙事性设计策略[J]. 新建筑，2012（1）：118-122.

[87] 董丹申，李宁. 与自然共生的家园[J]. 华中建筑，2001（6）：5-8.

[88] 尹稚. 对城市发展战略研究的理解与看法[J]. 城市规划，2003（1）：28-29.

[89] 蒋兰兰，方华. 儒道互补——丽水学院体育综合训练馆的创作实践[J]. 华中建筑，2017（2）：78-82.

[90] 赵建军，杨博. "绿水青山就是金山银山"的哲学意蕴与时代价值[J]. 自然辩证法研究，2015（12）：104-109.

致谢

一

本书得以顺利出版，首先感谢浙江大学平衡建筑研究中心、浙江大学建筑设计研究院有限公司对建筑设计及其理论深化、人才培养、梯队建构等诸多方面的重视与落实。

同时，感谢浙江大学平衡建筑研究中心、浙江大学建筑设计研究院有限公司相关部门对本书出版的全程支持。

二

感谢本书所引用的具体工程实例的所有设计团队成员，正是大家的共同努力，为本书提供了有效的平衡建筑实践案例支撑。

本书中非作者拍摄的照片均标注了摄影师，在此一并感谢。

三

感谢章嘉琛、赵黎晨、朱睿、方炜淼、许逸敏、汤贤豪等同事对本书相关章节得以完成给予的支持与帮助。

四

感谢中国建筑出版传媒有限公司（中国建筑工业出版社）对本书出版的大力支持。

五

有"平衡建筑"这一学术纽带，必将使我们团队不断地彰显出设计与学术的职业价值。